不吃苦、不奋斗，你要青春干什么

急景流年，韶华易老，
不要在最能吃苦的年纪选择了安逸！

倪浩 张淑涓◎编著

尝尽人间百味，惊叹青春年华醉人；
历经人生无数，感慨吃苦奋斗感人。

将来的你，一定会感谢现在拼命的自己，吃苦过，奋斗过，你会发现自己要比想象的优秀了很多，而且，也会明白许多。

青春美妙的故事，会在某个瞬间，使人一阵酸楚，潸然泪下，并悄无声息地完成了一次灵魂的救赎与升华。

图书在版编目（CIP）数据

不吃苦、不奋斗，你要青春干什么 / 倪浩，张淑涓编著.
--北京：企业管理出版社，2017.1
ISBN 978-7-5164-1364-7
Ⅰ.①不… Ⅱ.①倪…②张… Ⅲ.①成功心理-通俗读物 Ⅳ.①B848.4-49

中国版本图书馆 CIP 数据核字（2016）第 233783 号

书　　名：不吃苦、不奋斗，你要青春干什么
作　　者：倪浩　张淑涓
责任编辑：张平　田天
书　　号：ISBN 978-7-5164-1364-7
出版发行：企业管理出版社
地　　址：北京市海淀区紫竹院南路 17 号　　　邮编：100048
网　　址：http：//www. emph. cn
电　　话：总编室（010）68701719　发行部（010）68701816　编辑部（010）68701638
电子信箱：qyglcbs@ emph. cn
印　　刷：北京柯蓝博泰印务有限公司
经　　销：新华书店
规　　格：170 毫米×240 毫米　16 开本　13.25 印张　165 千字
版　　次：2017 年 1 月第 1 版　2017 年 1 月第 1 次印刷
定　　价：36.80 元

前言

Preface

马云在一次演讲中这样说道："当你不去旅行，不去冒险，不去拼一份奖学金，不去过没试过的生活，整天挂着QQ，刷着微博，逛着淘宝，玩着网游，干着我80岁都能做的事，你要青春干什么？"此言大有道理。

青春是人生旅程中最美丽的时光，也是多梦的季节。做梦是青春最大的权利，哪怕这梦有时不知天高地厚，有时幼稚可笑，但因是青春之梦，所以谁也不会太计较。只有让青春的枝头挂满梦想的花朵，才有人生金秋的收成。因此，年轻人就是要拼搏，就是要奋斗。亲爱的朋友，如果老天善待你，给了你优越的生活，请你不要收敛了自己的斗志；如果老天对你百般设障，更请你不要磨灭了对自己的信心和奋斗的勇气。当你想要放弃努力了，一定要想想那些为了梦想睡得比你晚、起得比你早、跑得比你卖力、天赋还比你高的人，他们早已在你昏沉度日中跑向那个你永远只在眺望的远方。

其实，只要是个有追求的年轻人，就不会满足自己的现状，就明白青春就是用来奋斗的。

人，如果不趁年轻多努力，那有青春又如何？年轻又是用来干什么的？挥霍还是潇洒？都说年轻就是资本，但是，只有奋斗，你的资本才有价值，只有拼命，你的年轻才值得你炫耀！奋斗是青春最美丽的底色，只有奋斗才能展现青春的绚烂多彩。年轻人要想在百舸争流、千帆竞发的洪流中勇立潮头，在不进则退、不强则弱的竞争中占得优势，就要在勤学中夯实知识根基，在修德中提升个人素养，在明辨中找准奋斗方向，在笃实中创造青春业绩，努力在实现中国梦的实践中放飞青春梦想，在与祖国共奋进的历程中书写人生精彩。

青春最好的营养就是刻苦！吃苦是门必修课，人生经历难躲过。世上没有人特别，只因吃苦显本色。你要创业，不吃苦可以吗？你要发展，不奋斗可以吗？天上不会掉下馅饼！年轻时不奋斗，等老了动不了时再奋斗有意义吗？所以，不吃苦、不奋斗，你要青春干什么？

青春需要吃苦，奋斗才能开创未来。如果在最能吃苦的时候你选择安逸，那老了就免不了吃苦受罪。年轻人活在这个世上就要不停地追求梦想。这是年轻人的本质。然而，当下的年轻人承受了与他们的年纪不相称的现实压力。他们的青春记忆里挤满了现实的纠结。在这种情况下，他们鲜有闲情逸致去仰望天空，也难有激情去放飞青春梦想。面对激烈的竞争压力，年轻人多了现实主义，少了理想主义，让人生的理想埋没在现实的洪流中。长此以往，不仅年轻人的路会越走越窄，而且对社会和国家发展也不利，而这又反过来影响年轻人的未来。为此，我们特意编写了本书，全书选用现实职场案例，在如何转变工作观念、提升自身职业素养、改善工作方法等诸多方面，为身处职场的读者朋友提供了较为实用的参考。愿读者在阅读此书的过程中能有所领悟，成为一名敢于吃苦奋斗的好员工，并顺利实现自己的职业抱负和人生梦想。

倪浩

2017年1月

目录

Contents

第一章 青春就是用来奋斗的，让梦想为青春定下努力的方向

人类因为梦想而伟大！年轻人守住梦想，才有可能有所成就，否则将会一无所有。有梦想的青春年华最珍贵，最充实。年轻人要敢于追逐梦想，敢于奋斗，不怕吃苦。只有给自己一个梦想，通过自己的努力，尽最大可能实现它，才可能会有成功的那一天。只有奋斗过的青春，才会留下充实、无悔的青春回忆。

第二章 吃苦算什么，年轻人就要对自己狠一点

年轻人能吃苦可谓是一种资本。吃苦就是要去面对苦难和挫折，年轻人不怕吃苦受累，对自己狠一点，才能有立足于强

者之林的本钱。年轻人不要总是看到别人成功的光环，却忽略了他们背后的努力。其实，吃别人所不能吃的苦，忍别人所不能忍的气，做别人所不能做的事，才能享受别人所不能享受的一切。

第三章 爱拼才会赢，不拼不闯的青春不值得一过

为什么很多成功者能白手打天下？那是因为他们敢于拼搏。所谓三分天注定，七分靠打拼，不打拼，怎么赢呢？一个不愿拼搏奋斗的人，终将一事无成。只有敢闯敢拼的人才能赢得闪亮的人生，才会有成功的胜算。纵观历史，可以知道：那些勇于拼搏的人，往往能有所成就。不敢拼搏，你就没有成功的机会。

第四章 没有付出哪有回报，闪光的青春离不开勤奋和汗水

梦想需要勤奋来做动力，青春离不开勤奋和汗水。没有勤奋，梦想只能渐行渐远，正如那些懒惰之人，总是在抱怨之中与梦想擦肩而过。一个人要想获得成功，就必须为之付出相应的努力，世上没有免费的午餐，也没有不劳而获的成功。只有勤奋，才能帮助我们创造奇迹，并且获得成功！

第五章 逆风更适合飞翔，飞扬的心不会惧怕逆境和困难

成功的秘诀就是即便身处逆境也不改变自己的目标。人生在世，无论做什么，都不可能一帆风顺，年轻人初出茅庐，更容易遇到各种各样的阻碍。在这些障碍面前，每一个年轻人都要成为一名勇士，要敢于同困难斗争，只要认定了自己的目标，就应该锲而不舍、坚强地走下去。风雨之后，你一定能看到阳光！

第六章 拒绝拖延立即行动，奋斗的青春从今天开始

拖延就是浪费时间，是青春的大敌。年轻不是慵懒的资本，青春没有多少岁月可以挥霍。不要以为自己年轻，时间就还多得是。你的一生究竟拥有多少时间，你已经度过了多少人生岁月，你的剩余时间还有多少，你思考过这些问题吗？因此，年轻人不要再虚度年华，不要沉湎昨天，不要观望明天，一切从现在开始，奋斗从今天开始。

第七章 仰望星空还要脚踏实地，别让奋斗的青春被浮躁绊倒

璀璨的星空照亮年轻人的梦想之路。但是，年轻人在仰望星空的时候，也不能忘了脚踏实地。只有脚踏实地才可以让自己的每一个脚印都折射出星空的绚丽；只有踏踏实实、吃苦耐劳的人，才能到哪里都有成功的希望；只有脚踏实地才不会摔跟头。实实在在地走好每一步，才能够为自己赢得成功的机遇。

第八章 积极进取完善自己，不被辜负的青春才有意义

在今天这个日新月异的时代，青春是蓬勃向上、积极进取的象征，是奋斗的黄金时期。珍惜现在的时光，努力学习科学文化知识，成为一个具备优秀职业技能的员工，这样才能做好工作、创造财富，才能不辜负青春的时光。所以，为了跟上时代的步伐，年轻人必须保持终身学习的心态，不断提高自身的综合素质。

第一章

青春就是用来奋斗的，让梦想为青春定下努力的方向

人类因为梦想而伟大！年轻人守住梦想，才有可能有所成就，否则将会一无所有。有梦想的青春年华最珍贵，最充实。年轻人要敢于追逐梦想，敢于奋斗，不怕吃苦。只有给自己一个梦想，通过自己的努力，尽最大可能实现它，才可能会有成功的那一天。只有奋斗过的青春，才会留下充实、无悔的青春回忆。

1

你可以一无所有，但不能没有梦想

有一种力量，能让年轻人无所畏惧，勇敢地接受失败的过往，坦然面对异样的眼光，迈过沉沦的低谷，彰显惊人的毅力，这种力量，源自梦想。梦想就像一粒种子，散播在“心灵”的土壤里，尽管很小，却可以开花结果，假如没有梦想，人们就像生活在荒凉的大漠，冷冷清清，没有活力。

年轻人有了梦想，也就有了追求，有了奋斗的目标；有了梦想，就有了动力。梦想会使人前进，也许在实现梦想的道路中，会遇到无数的坎坷，但没有关系，在哪里跌倒了就在哪里爬起来，毕竟前途是自己的，我们要为自己的梦想前进。因此，梦想是人生前行的指路灯，可以使我们充满希望，也可以使我们保持充沛的想象力与创造力。

多年前，一位老师给小学生出了一道作文题：《我的梦想》。

一个小学生在他的本子上飞快地写下了他的梦想：“我希望将来能拥有一座占地十公顷的庄园，在广阔的土地上种满茵茵绿草。庄园中有无数的小木屋、烤肉区和一座休闲旅馆。除了我自己住在那儿外，还可以与前来参观的游客分享，有住处供他们休憩。”

这名小学生的作文老师要求他重写，可他仔细看了看自己所写的内容，并无错误，便拿着作文去请教老师。

老师告诉他：“我要你们写下的是自己的梦想，而不是这些梦呓般的空想，你知道吗？”

小学生据理力争：“可是老师，这就是我的梦想啊！”

老师坚持道：“不，那不可能实现！那只是一堆空想，你要重写！”

小学生不肯采纳：“我很清楚，这就是我的梦想。”

老师摇头：“如果你不重写，我就不会让你及格。”

然而小学生坚决不重写，于是他那篇作文也就没有及格。但这位小学生没有放弃他的梦想，而是为之做出了不懈的努力。

30 年后，这位老师带着另一群小学生到一处风景优美的度假村旅行，尽情享受着无边的绿草、舒适的住所以及香味四溢的烤肉。然而这个地方，恰恰就是当年写那篇作文的小学生创建的度假庄园。

青春要有梦想，有梦想才有前进的动力，如果没有梦想，那么人生就会失去方向，青春也就索然无味。纵观历史，所有的成功者都是梦想者，人类所拥有的一切，都是梦想成真的结果。看名人传记你就会发现，那些伟人们从小就有很大的梦想、很高远的志向，并且因为他们敢想敢做，所以成就了一番伟业。可为什么绝大多数人，都不能像他们一样成功呢？难道是因为这些人从小就没有梦想吗？其实并不是，每一个人从小都有自己的梦想，只是绝大部分人在成长过程中丢失了自己的梦想。为什么呢？因为通往梦想的道路上充满荆棘，无数人在半路上就放弃了，他们碰到困难，就开始怀疑梦想的可实现性，最终因为困难而放弃了梦想。

人类因为梦想而伟大！年轻人只有守住梦想，才有可能有所成就，否则将会一无所有。梦想可以使人疯狂，人有了梦想才有吃苦和奋斗的动力。

多年前，马云怀揣着创业的梦想，带着17个伙伴从北京到了杭州——这个团队中大部分的人的家乡。就是这些人，创造了阿里巴巴。1999年2月20日，大年初五，在一个叫湖畔花园的小区，16栋3层，18个人聚在一起开了一个动员会。屋里十分简陋，只有一个破沙发摆在一边，大部分人席地而坐，马云站在中间讲了整整两个小时的梦想。有人回忆说："几乎都是他在讲，说我们要做一个中国人创办的世界上最伟大的互联网公司。"

最初创立阿里巴巴的时候，虽然创业资本很少，但马云还是将未来的公司定位为全球公司。为了让全世界的人都能记住他的公司和品牌，他从创业资本中拿出1万美元买回了阿里巴巴的域名。他认准阿里巴巴这个名字可以跨越国界，流行全世界。在建立阿里巴巴电子商务网站时，马云把客户源就定位在了国内和国外两个价值链上：一头是海外买家，一头是中国供应商。他们的口号是"避免国内甲A联赛，直接进入世界杯"，在培育中国国内电子商务市场的同时，加大力度打开国际电子商务市场。为此，马云在美国设立研究基地，在伦敦设了分公司，然后在杭州建立了中国基地。8年后，阿里巴巴公司上市，上市当天成为一家市值超过200亿美元的中国互联网公司。如今，阿里巴巴已经成为全球领先的电子商务公司。

有人曾经说："今天，你可以一无所有，但是不能没有梦想！一无所有，不是你的错，没有梦想就大错特错！"此话很有道理。马云的经历告诉我们，坚定地追求梦想，我们最终一定能到达成功的彼岸。

对于年轻人来说，一个人可以贫穷，但是不可以没有梦想。每个人在成长的路上一定要有梦想的支持，有梦想就会有奇迹。拿破仑有句话："不想当将军的士兵不是好士兵。"一个人要想有所成就，就要敢于做梦。有梦想的年轻人绝对不会自甘平庸，他们心中只有一个信念：别人能做到的，我也能做到；别人做不到的，我依旧能做到。

梦想为我们的人生指明了方向，每个年轻人都应该有一个属于自己的梦想。若你还没有梦想，那么就为自己寻找一个梦想吧。

2

心怀梦想，定位奋斗的方向和目标

梦想是人生的奋斗目标，年轻人要想轰轰烈烈地干一番事业，首先要做的就是拥有梦想。生活一旦有了梦想的指引，我们就知道接下来该去往何方。

如果说梦想是人生的动力，那么明确的方向和目标则是开启梦想的重要钥匙。明确的方向和目标就像方向盘一样，人生一旦没有了方向盘，便无法掌握前进的方向。有了方向，实际行动才不会盲目，我们才能完成目标，实现梦想。因此，一个人能否实现自己的理想，不在于他的起步，也不在于他所受到的教育，而在于他能否在年轻的时候给自己一个准确的定位。树立奋斗的方向和目标，找到属于自己的奋斗路线，只有这样才有可能抵达成功的彼岸。

美国耶鲁大学的一位教授做过一份跟踪调查报告。他任意选定一个班的学生作为调查对象，并向全体学生提出了一个简单的问题："你们对未来有具体的理想和规划吗？"

有的学生很干脆，马上说出自己将来想做什么；有的学生很茫然，因为他们平时就很少想自己将来会干什么；有的学生则很犹豫，他们似乎有理想，但又说不出来是什么。

经过一番统计，调查结果显示，只有10%的学生确定自己有明确的理想。对此教授未作出评论，而是接着提出了一个要求："既然有具体的志向，那么能否将它写在纸上呢？"那些明确表示自己有理想的学生很快将他们的志向写了下来。不过，这其中只有4%的学生的理想是真实具体的。

20年后，已经年迈的教授开始派遣研究人员对当年接受调查的学生进行回访。为此，他们几乎跑遍了全世界。

过程虽然艰辛，但结果却让所有人都觉得很值得：当年把自己的人生理想写在纸上的那些人，无论是在事业上还是在生活上都远远超出了那些没有写下理想的人。另外，还有一份附加的统计显示，理想最明确的4%的人，他们所掌握的财富，

竟然超过了其他96%的人的总和！

这份调查向我们说明了这样一个道理：明确的目标是人生的指南针，目标明确的人，在职场上更容易获得成功。

目标就是既定的目的地，你理想的终点。对于组织来讲，目标是告诉人们做什么事，做到什么程度。其结果往往是：不用持续的教育和指导，就能完成此事。这颇像建筑物的设计图样和说明，能清楚地告诉建筑工人，做了多少事，还有多少事没有完成。

有理想、有追求、有上进心的年轻人，一定都有一个明确的奋斗目标，他懂得自己活着是为了什么。因而，他所有的努力，从整体上来说都能围绕一个比较长远的目标进行，他知道自己怎样做是正确的、有用的，否则就是做了无用功，或者浪费了时间和生命。没有什么理想、追求，没有上进心的年轻人，往往缺少目标。他同别人一样活着，但他从来没有想过活着的意义。缺少目标的人往往凭惯性盲目地活着，从来不追究人生的目的这些令他们头疼的事情，他们为活而活。

显然，成功者总是那些有目标的人，鲜花和荣誉从来不会降临到那些没有目标的人的头上。许多人怀着羡慕、嫉妒的心态看待那些取得成功的人，总认为他们取得成功的原因是有外力相助，于是感叹自己的运气不好。殊不知，成功者取得成功的原因之一，就是因为确立了明确的目标。

在生活中，很多年轻人因为没有树立奋斗的方向和目标，所以只能盲目地在原地打转。他们看起来很努力，也在不断地奋斗，却永远找不到终点，找不到目的地。当付出了艰苦的努力之后，还是一无所得时，只要静下心来探究其中的原因，就会发现，这都是因为没有梦想而在不知不觉中陷入了“盲目打转”之中。

一个人心中有梦想，才有努力的方向！年轻人要为青春奋斗，要攀登到人生山峰的最高点，首先要做的就是找到自己的方向和目标。如果没有明确的方向和目标，盲目行动，就很难获得自己想要的结果。一个年轻人没有梦想，不愿意为选择坚持下去，那么结局只有一个——碌碌无为。这正如古罗马哲学家塞涅卡所说的那样："如果一个人不知道他要驶向哪个码头，那么任何风都不会是顺风。"

有这样一个年轻人。他3岁的时候，就表现出惊人的音乐天赋。母亲拿出多年的积蓄为他买了架钢琴，教他弹得一手好钢琴。在读高中的时候，他就成了学校的"知名人物"。也就是从那时起，他确立了自己音乐的梦想。

高中毕业后，他没有考上大学，不得不到一家餐厅里当服务生。由于地位卑微，他稍不留神就会遭到经理无情的训斥。有一次，他不小心烫伤了另一位女服务员的手。经理一生气，罚了他半个月的工资。即使在这样艰辛的打工生活里，他一刻也没有忘记自己的音乐梦想。他几乎把所有的工资都用在了买音乐资料上，在业余时间，他一刻不停地积累着自己的音乐"资本"。后来，餐厅配备了钢琴，一连换了几位琴师，老板都不满意。出于对音乐的热爱，他趁着一个没人的机会，忍不住上去弹奏了一曲。不料，这事被老板知道了，老板让他弹奏一曲，竟发现他的琴声正合自己的口味。于是，在人们惊异的目光中，他当上了钢琴师。

后来经人介绍，他很快获得了一个演出伴奏的机会。他感到自己的机会就要来了，精神抖擞地投入伴奏。但事与愿违，他的伴奏音乐与歌手的歌声很不和谐，舞台下嘘声四起。那一

次他彻底演砸了。他伤心至极，但并没有灰心丧气。不久，那家请他去伴奏的公司老板发现他很有音乐天赋，请他去专职写歌。他高高兴兴去上任，却发现自己的职务是“音乐制作助理”。这是一个除了写歌，什么杂事都得做的工作。但他二话没说就留了下来，因为跟餐厅相比，这里至少有音乐的环境。

过了一段时间，老板终于给他配了办公室，让他专职写歌。总算找到了可以放飞梦想的舞台，他压抑已久的创作欲望喷薄而出，创作出大量的歌曲。然而这些歌曲，老板一首也没有看上。在老板看来，他的音乐天赋很好，可曲子写得怪怪的，不讨人喜欢。巨大的失落感笼罩着他，有一瞬间他想到了放弃。但很快，他就把这个念头否定了，因为如果现在放弃，就等于放弃了自己多年的梦想，他决不放弃！一连七天，他每天都创作一首歌。每天早晨上班之前，老板准能见到他的一首新歌。终于，老板感动了，答应向明星推荐他的歌曲。

但是，公司一连几次向明星推荐他的作品都被对方拒绝了。一次次的失败，把他打入了痛苦的深渊，但他始终不肯放弃自己的音乐梦想。终于有一天，老板把他叫来，对他说：“如果你能在10天内写出50首歌，我就从中挑出10首，为你出唱片专辑。”他感到自己简直就是在做梦，当明白这是事实时，他激动得说不出话来。

这次，他要拼了！他一头钻进创作室，任由激情迸发，一首接一首地创作。饿了就泡包方便面，困了就倒头睡一会儿。近乎疯狂的10天过去了，他竟然创作出了50首新作品！半年之后，他的第一张专辑一经上市就获得了巨大的成功，被歌迷抢购一空。

其实每一个人的梦想之旅都是如此，是目标、努力和机遇的结合。虽然机遇有着不可替代的作用，但是梦想实现的前提是要有明确的目标并为之付出不懈的努力。怀抱着目标时刻想着实现后的自己，你就会朝着自己的梦想越走越近。因此，年轻人要想走向成功，就必须给自己一个明确的方向和目标。缺少明确方向和目标的指引，我们在人生的旅途中就只会感到失落与茫然，而不会有奔跑的欲望。如果没有明确的方向和目标，再优秀的人也终将无所作为。明确的方向和目标就如同大海中一座高高的灯塔，它发出的光芒或许不够耀眼，但却足以向在海中航行的人们传递一个信息：这里有你想要的成功，快驶过来吧！有了这样明确的目标，心才会找到方向，才能有足够强大的力量在茫茫的大海中奋力划桨，真正驶向成功的彼岸。

生活中有许许多多的人，因为有了明确的方向和目标，而走向了成功，或许你就是其中一个。但是，也有很多的人，因为缺少了明确的方向和目标，最终只能与成功隔岸相望。没有明确的方向和目标，人生就会失去希望，就会失去坚持下去的理由。如果没有了坚持下去的理由，再强悍的人也会如同泄了气的皮球，变得不堪一击。因此，不管我们做什么样的工作，都必须心怀梦想，瞄准目标奋勇前进。

3

选择什么样的梦想，就会有什么样的人生

一个人的梦想预示了这个人未来的模样，所以说年轻人的梦想会闪耀着未来的光芒。年轻人要记住，你生活的基础，你的未来，是你心中怀有的梦想，是你一直珍藏于心的理想。想要过什么样的生活，首先要确定与此相应的梦想。

一个地地道道农民的儿子，外表看上去与在城市打工的千千万万农民工没有任何区别，没有受过任何与演员这个职业有关的培训，也没有哪怕一点点在一般人看来是成功必须的一些“社会资源”，甚至没有一个“城里人”亲戚，唯一有的只是一个要靠演电影来摆脱贫困生活的梦想。他的梦想实现的几率有多大？

8 岁那年，王宝强因为深受李连杰电影《少林寺》的影响，他去了少林寺，在少林寺当了 6 年的俗家弟子。16 岁的时候，王宝强决定去“能拍电影的地方”——北京。“北漂”生活是极端艰苦的。那时王宝强每天生活的主旋律是在北影门口等待一个群众演员的机会。如果等到了，每天可以挣 20 元，还有剧组的盒饭吃。这个机会不是经常有的，为了生活，王宝强就在北京的各个建筑工地上做起了农民工。

一个偶然的机会，导演李扬在众多的试镜资料片中看到了王宝强，于是，16 岁的王宝强被选中出演处女作《盲井》。这部电影使王宝强于 2003 年获金马奖“最佳新人奖”，2004 年获法国多维尔亚洲电影节“最佳男演员奖”和泰国金鸟电影节“最佳男演员奖”。从此，王宝强开始走上了梦想之路。

梦想是人生的一个目标，一个寻找人生意义的方向，当一个人确定了自己的方向之后，他将会爆发出无限的潜力。一个人只有坚定了自己的梦想，才能最大限度地发挥自己的创造力。梦想的力量将是无穷无尽的，也是任何一个人都不能忽略的。梦想是我们每个人的一个方向，它将引导着我们向前走，让我们有目标，有动力。一个人可以没有经验，没有学识，但不能没有梦想。

生命的意义就在于拥有自己的梦想，并朝它一步步走进。你选择了一种梦想，就选择了一种人生。当一个人有梦想的时候，潜意识中实现梦想的愿望就会更加迫切，脑子里便时时刻刻想的都是这件事，做出的行动不自觉地就会向着这个既定梦想靠近。心中怀有美丽梦想和崇高理想的人，只要不把时间浪费在无谓的抱怨中，终有一天梦想会实现。

1947 年 7 月 30 日，阿诺德 · 施瓦辛格出生在奥地利的一个普通家庭里，父亲是一位警长。小时候的他对体育健身和健美很有兴趣。开始健身时，他收集和阅读了大量的健美杂志，从中学习训练方法和营养指导。1968 年，施瓦辛格移居到美国。渐渐地，施瓦辛格开始树立自己的梦想：成为明星人物。

1969年，年轻的阿诺德·施瓦辛格第一次参加“奥林匹亚先生”大赛。1970年，他战胜古巴选手奥利伐夺得“奥林匹亚先生”称号。此后，在1971、1972、1973、1974、1975和1980年六次登上“奥林匹亚先生”宝座。1983年，他参加国际健美比赛，第一次获得了“健美先生”称号。1989年，他创办了“阿诺德古典赛”。鉴于对健美运动的贡献，他还多次受到国际健美联合会的表彰和嘉奖。

在健美比赛出名后，阿诺德·施瓦辛格开始计划进入影坛。1970年，施瓦辛格拍摄的第一部影片《大力神在纽约》上映，但影片反映一般，并没有得到大众的赏识。1977年，他出演的纪录片《铁金刚》为自己赢得了一些知名度。直到1984年施瓦辛格主演了科幻动作片《终结者》，在这部影片中，施瓦辛格扮演人面机械身的超级杀手，从未来世界来到现代去追杀叛军领袖的母亲，是一个形象十分突出的大反派角色。戏路的贴切，使施瓦辛格凭反派角色走红，并因此获得土星奖最佳男主角的提名。1991年，片商乘胜追击，用近亿美元的制作费开拍《终结者2》，北美地区的首轮票房超过了2亿美元。经此一役，施瓦辛格个人片酬升至有史以来的最高价1500万美元，并获得MTV电影奖最佳男演员奖。1994年，他出演《真实的谎言》，再次获得土星奖最佳男主角的提名。他最终成为美国家喻户晓的电影明星。

此后，施瓦辛格投入政界，2003年竞选加州州长获得成功，大受选民欢迎。一些观察家认为，选举结果反映了施瓦辛格的领袖气质及加利福尼亚州选民对明星的崇拜。

从一个普通人到美国著名人物，施瓦辛格在一定程度上已经成为美国大众文化的代表，在许多人眼里他就是强者和力量的化身，是美国人的精神偶像。于生命而言，我们可以活得好，也可以活得不好，可以当个艺术家，也可以做一名工人，唯一的区别在于你选择了什么样的梦想，梦想就会引导你成为怎样的人，取得怎样的成就。因为梦想给予的不仅仅是方向，还有动力和永不放弃的执着。没有梦想的人生是空洞的，没有梦想的人生是茫然的，因为没有梦想你不知道为了什么而活，也不知道为了什么而想。

梦想意味着无穷的可能性，意味着意想不到的惊喜，也意味着对自己的信心。不要失去梦想，那样的生命将会无比苍白。只要肯为梦想奋斗，最后的结果就是伟大的，没有梦想就没有精彩的生活。所以，只有你的梦想美丽，你的世界才会美丽；你的梦想闪耀，你才会耀眼！

4

梦想永远垂青那些努力奋斗的人

大哲学家苏格拉底曾经说过：世界上最快乐的事，莫过于为理想而奋斗。理想即是梦想，人生需要梦想，奋斗伴随梦想。一个人想要改变自己的命运，实现心中的梦想，最好的法宝就是奋斗，梦想再大，如果不努力奋斗，也只是空中楼阁。

奋斗是一种态度，一种行动，要做到需要一个人不懈地努力。每个人的出生可以不同，经历可以有别，但一定要有一个美好的梦想。当机遇并不垂青的时候，我们唯一的出路就是奋斗。奋斗是一种对命运的挑战，这种挑战注定要历尽艰辛、坚持不懈。奋斗像逆风航行的帆船，每前进一步，就必然要付出辛劳和心血。然而，我们每迈出一步，离梦想就更近一步。

有一位很著名的女歌唱家，她叫凯丝·达莉，她是一个电车车长的女儿。她年轻时想要成为一位歌唱家，可是她的长相并不受欢迎。她的嘴很大，牙齿很暴露，在新泽西州的一家夜总会公开演唱的时候，她一直想把上嘴唇拉下来盖住她的牙齿。她想要表演得“很美”，结果呢？她大出洋相，注定了失败。

可是，在那家夜总会里听这个女孩子唱歌的一个人，却与别人的看法不一样，他认为她很有天分。他很直率地说：“我跟你说，我一直在看你的表演，我知道你想掩藏的是什么，你觉得你的牙长得很难看。”这个女孩子非常地窘迫，可是那个男人继续说道：“这是怎么回事？难道说长了牙就罪大恶极吗？不要想去遮掩，张开你的嘴，观众看到你不在乎的话他们就会喜欢你。那些你想遮起来的牙齿，说不定还会带给你好运呢！”

凯丝·达莉接受了他的忠告，没有再去注意自己的缺点。从那时候开始，她只想到她的观众，她张大了嘴巴，热情而高兴地唱着，所以她最后成功地实现了自己的梦想，并且喜剧演员到现在都还希望能学她的样子。

世界上有什么事情会一帆风顺？有什么事情不需要克服任何困难就

能完成？没有！就连最简单的喝水吃饭都有可能被呛到噎到。既然这样，在梦想面前，我们还怕什么呢？梦想比吃饭喝水复杂很多，但却美丽很多，伟大很多，所以受到的阻碍自然也会多很多！我们从来不会因为这次喝水呛到就再也不喝水，也不会因为吃饭噎到而拒绝吃饭，那么为什么我们在实现梦想的过程中会因为一个阻碍就轻易地放弃呢？不要轻言放弃，在坚持中实现的梦想才会更显珍贵。

我们的梦想可以很平凡，但只要有梦想，只要有奋斗的目标，就会是快乐而充实的。我们不希望自己的人生被冠上懦弱、失败、无能的字眼，所以但凡能找到一丝希望、一点办法，就不应该放弃。也许就是这一丝希望、一点办法拯救了你的人生。

一个普普通通的邻家男孩，因为儿时的梦想，只身闯荡美国最繁华的城市。在高手云集、危机四伏的大都市里，他遭遇排挤，饱受非议，大多数人不看好他。在接连不断的打击面前，他一次次尝试用努力改变际遇，但结局总是事与愿违。他迷茫过，失落过，甚至开始想要放弃。

然而就在他打好铺盖卷准备离开的时候，幸运女神突然给了他实现梦想的钥匙。在2012年2月5日，纽约尼克斯队对阵新泽西篮网队的比赛上，他以25分和5个篮板帮助球队赢得胜利；在2月7日尼克斯队与犹他爵士队的对决中，他又交出28分和8个助攻的漂亮战绩，带领球队取得两连胜。于是一夜之间，咸鱼翻身，他的名字登上了各大报纸的头条，成为全世界的英雄。

他的名字叫林书豪。在神奇一周上演之前，即便是最资深的NBA球迷，对这个名字可能都感觉陌生。这个年轻人的崛起没有任何预兆，仿佛突然之间刮起的一阵旋风，在最短的时间内，他的名字变得家喻户晓。

人们开始追逐他的比赛，关注他的数据，挖掘他的成长史，甚至抢注他的商标。所有的人都对这个男孩的崛起感到好奇，究竟是什么力量让他一夜之间变成大明星的呢？翻开林书豪的简历，我们会发现，他是一个执着于梦想的年轻人。他在很早的时候就爱上篮球，并一直努力成为一名职业球员。

然而，林书豪的经历却并不是一帆风顺。他将自己打球的录像邮寄给多个大学，然而只有哈佛大学愿意给他一份奖学金；他入选常春藤联赛的最佳阵容，却落选了 NBA 的选秀大会；他被勇士队招募，却一直坐冷板凳；他与火箭队签约，但很快就被裁掉；即便他最后来到纽约，也只有十天的短合同，永远守在饮水机旁。在成名的前夕，他还在睡队友家的沙发，并买好离开纽约的机票，准备第二天便去找寻新的出路。

这样跌宕起伏的经历简直就是按照好莱坞的剧本演绎的励志大片，连林书豪自己都不敢相信，然而奇迹就这样发生了。

“看得见梦想的感觉真好。”林书豪如是说。

带着梦想前进的路并非一帆风顺，甚至可能异常艰辛。有时会使你产生挫败感，此时你一定要振作，要敢于奋斗。人生最重要的不是成功，而是奋斗，只有奋斗才能实现人生的价值。古今中外，哪个成功的人不是因为努力奋斗而成就了一番名垂青史的事业呢？

对于年轻人来说，想要实现理想，唯一能做的事情就是努力奋斗，人生唯有不断奋斗方能抵达梦想的彼岸。在生活和工作中，有梦想，有机会，有奋斗，一切美好的东西都能够创造出来。奋斗就是路，人生需要奋斗，我们年轻人要勇于开辟属于自己的奋斗之路！

5

让梦想飞翔，每个人都可以创造奇迹

梦想是个奇妙的东西，既能解人忧愁，让人顿时欢喜，又让人历尽艰辛挫折，倍感压力，然而最重要的是能让人对未来生活充满希望。无论什么事情，只要有了希望，心头就会骤然有天光，手头就会立马有灵光，年轻人会顿添锐气，老年人会平添朝气，即便身处逆境，也不会灰心丧气。梦想是获得成功的关键要素。美国加利福尼亚大学的心理学家斯曼特经研究认为，“野心”是人们行动的初始促推力，人们通过培养“野心”，可以增加力量，攫取更多的资源。

梦想激发动力，赋予责任。梦想是理想，是信念，是信仰，是每个人拼搏奋斗的精神向往和前进的方向。心中有梦，打拼才有劲，活得才出彩。为了做成一番非凡的事业，我们必须要怀有“梦想”，对于未来要抱有强烈而良好的憧憬，只要可能，都不妨尝试，如此才能更好地全面地发展自己。

1983 年的一天，在美国亚利桑那州的一家医院，一个女婴呱呱坠地，令人惊异的是，女婴一出生就没有双臂。

在父母的关爱下，女婴一天天地长大，成为一个可爱的小女孩。

那天，站在阳台上的女孩，看到与自己同龄的一群孩子正张开天使般的双手，在阳光下欢快地奔跑着追逐翩翩起舞的蝴蝶，女孩十分伤心地向母亲哭诉："为什么命运如此地不公，竟然不给予我拥抱梦想的双臂。"

母亲平静地安慰她："孩子，上帝这是要送给你更多的梦想，他是要让你用行动告诉世人——即使没有翅膀，也依然可以高高地飞翔。"

"我真的能做到那些吗?"女孩仰起头来。

"只要你肯努力，就能做得到，只要你的梦想没有折断翅膀，你就一定能飞得很高很高。"母亲的目光里充满了不容置疑的坚定。

女孩相信了慈爱的母亲的话，目光一遍遍地扫视着自己那双看似普通的脚，心中暗暗地告诉自己：我有一双非凡的脚，不只是用来奔走的，还是用来飞翔的。

此后，在父母的指导、帮助下，女孩开始有计划地锻炼自己双脚的柔韧性、灵活度和力量。怀揣梦想的她，克服了常人难以想象的困难，尝过了谁都无法数清的失败，终于在人们的惊异中，练出了一双异常自由灵活的脚——她不仅可以用双脚吃饭、穿衣，轻松地实现生活的自理，还学会了用脚弹琴、写字、操作电脑……

她用双脚做到了几乎是常人所能做到的一切。

女孩在继续着创造奇迹的脚步，她读书刻苦，作业写得总是一丝不苟，从小学到中学，她的学习成绩始终名列前茅，老师和同学们都十分敬佩她的坚毅和自强。当她拿到亚利桑那大学的心理学专业的学士学位证书时，一家人幸福地拥抱在一起。父亲自豪地鼓励她："孩子，你还可以做得更棒！"

"是的，我还可以做得更棒！"女孩自信地笑着。

为了增强腿部肌肉的力量，保持腿部的灵活性与韧性，女孩不仅坚持经常性的跑步，还成为碧波荡漾的泳池里的一条自由穿梭的美人鱼，一家跆拳道馆里小有名气的高手……一位医生曾指着给她拍的 X 光照片，惊奇地喟叹：经过锻炼，她的双脚已变得异常敏捷，她的脚趾关节已像手指关节一样灵活自如。

女孩的梦想还在不停地放飞着，她又走进了汽车驾驶学校。在教练员惊讶的关注中，她很快便掌握了驾车的各项技术，通过了近乎苛刻的各项考试，顺利地拿到了驾照，开始用双脚娴熟地驾车御风而行……

接下来，女孩要去圆自己心中埋藏已久的梦想了——她要亲自驾驶飞机，拥抱苍穹。

25 岁时，她如愿地拿到了轻型运动飞机的私人驾照，成为美国历史上第一个只用双脚驾驶飞机的合法飞行员，开创了飞行史的先例。

女孩的名字叫做杰西卡·考克斯。

在美国数百场的演讲中，杰西卡·考克斯说得最多的一句话是："你的梦想有多高，你就可能飞多高。"即使你生来就没有翅膀，但你依然可以高高地飞翔，因为你心中永不跌落的梦想，会为你生出自由翱翔的双翅，会给你传递无穷的力量，会帮助你创造无法想象的奇迹。

梦想就是人生旅途上的希望之始，生命之柱，信念之花，成功之源。梦想的力量是极其巨大的，人生若是有了长远而伟大的梦想，即使命运不来敲门，也能为它建造一座大门；即使奇迹不来光顾，也能创造出许多机遇！

有了梦想，才有奇迹。梦想的力量有多大？谁也不知道。没有人见过梦想的样子，因为它根本看不见，也没有人测量过它能产生多大能量。但是我们能看到的，能感受到的，是有了梦想后创造出来的奇迹。一个有着梦想的人，青春就是为梦想奋斗的一段路程。为了远大的抱负，青春可以忍受贫穷，可以忍受寂寞，甚至可以忍受苦难，这就是梦想的奇迹。古今中外，许多做出惊天动地之伟业的杰出人士无不在少年时就拥有了远大的梦想。美国总统威尔逊说：“我们因梦想而伟大，所有的伟人都是梦想家。”每个人在儿时，都曾拥有过伟大的梦想，只是不知道在成长岁月中的什么时候，被改掉了，被偷走了，或是因为我们给予的滋养不足，梦想的种子仍深深地埋在土里，难以发芽。因此，我们要让梦想飞翔，让梦想创造奇迹。

花儿之所以美丽，不仅在于绚丽的色彩，更在于其追求开花的梦想，更在于其中蕴含着耀眼的生命光辉；有的人之所以引人注目，不仅在于外貌的漂亮华贵，还在于那源自于心灵深处的梦想。梦想之于人生，就像是生机之于花朵，是一种灵魂的力量。没有了梦想，花朵就将枯萎，生命行将结束。因此，让我们放飞梦想的翅膀吧，让我们从梦想之中汲取源源不断的人生动力，创造奇迹吧！

6

每一个成功的梦想，都离不开吃苦和奋斗

无论国家或是个人，只有怀揣梦想、奋斗不息，才会取得成功。实现理想是一个很漫长的过程，并不是每一个人都能够成功，因为很多人要么好高骛远，要么没有坚韧的毅力，最终让理想变成了空想。在生活中，这样的例子不在少数，年轻人更应该注意。现在我们年轻，还有资本去奋斗，所以，我们要从最基础的地方做起，不怕吃苦和奋斗，要一点一点地累积。唯有如此，理想才会变得不再遥远，我们的脚步才会变得更加坚实有力。

某公司为了适应发展的需要，制订计划要培养一批高级管理人才，于是便在媒体进行招聘，并进行逐一挑选。但是，由于该公司在挑选人才方面的要求非常高，许多人都没有通过。

经过一次又一次的面试，最后小刘脱颖而出。该公司的领导先后和他进行了多次交谈，并且都问了他一个相同的且出人意料的问题：“如果我们要你先从库房干起，你愿意吗？”

“为什么先从库房干起？”这个问题在小刘的头脑里不由

自主地蹦了出来。因为当时小刘在业界已经小有地位，要他从库房干起，说轻点是大材小用，如果说严重点岂不是太侮辱人了吗？但是，在稍稍沉思后，他立即回答道：“我以前所在公司的库房就是交给我管理的！”

后来小刘才知道：这家公司训练员工的第一课就是先从最基本的工作做起，因为在他们看来，只有先从最底层做起，才能了解公司的各个环节，从而使自己在工作中能够对各方面都非常地熟悉。果然，经过一番锻炼，两年后，小刘已经成为这家公司的副总。

假如这位年轻人不是怀有一种崇高的理想，一定会觉得做最基础的工作是大材小用，而且与自己的身份地位不相称，面子也不光彩，他很可能就会愤愤地直接回绝老板的要求，接下来会出现什么样的情况，就不言而喻了。所以说，只有对自己有一个准确的定位，不管工作是多么的平凡，位置是多么的低下，我们也能通过自己的努力走向成功。

梦想需要蓝图，更要脚踏实地的奋斗。“我的目标是年薪能拿到100万元。”“我的目标是在两年内让自己坐上经理的位置。”有些年轻人在工作之初往往会有这样的宏愿。心中能够有这样宏伟的蓝图确实值得称赞，但是，拥有高远梦想的同时，是不是还要学会努力奋斗呢？特别对于一些刚踏入社会的年轻人来说，心中能够装着整个世界的辉煌，并不是什么坏事，但是如果过于沉浸在成功的幻想中，就会失去吃苦奋斗精神。因为有梦想的人不一定会成功，理想再美好，也要一步一步地去做，从最基础的地方做起，梦想才能变成现实。

奥巴马祖籍肯尼亚，是美国历史上第一位具有黑人血统的总统。年轻的奥巴马在加利福尼亚州的洛杉矶西方学院求学期间，在该校《宴会》杂志上发表了诗歌《老爹》，后被《纽约客》杂志转载并广为流传，《老爹》最体现他年轻时的精神发展脉络。在西方学院读书两年之后，他转至纽约市的哥伦比亚大学的哥伦比亚学院，在那里主修政治学及国际关系。他于1983年取得文学学士之后，在国际商务公司工作了一年。1985年，他前往芝加哥，主持了一个非营利计划，以协助当地教堂为穷困的居民组织好职业训练。他于1988年进入哈佛大学法学院，主修法律。1990年2月，他被选为《哈佛法律评论》的首位非洲裔美国人主席，首次获得了全国性的认可。后来，在1993年至2005年竞选联邦参议员的12年中，他一直在芝加哥大学法学院任职宪法讲师。

奥巴马年轻的时候有当总统的梦想，但这是用来激励自己前进的，而不是干扰自己做事的。他在社区服务时，做每项工作都兢兢业业。从社区服务人员到州议员、参议员，奥巴马都秉持踏实、本分的做事方式，出色地完成每一项工作。他的这种办事作风屡次得到同事的赞扬和效仿。人们从内心觉得，只要把事情交给奥巴马，他一定完成得非常出色。竞选的时候，奥巴马每天都要面对许多事务，他依然不怕吃苦，每个环节都做得井井有条。他的朋友、支持者都看在眼里，人们也觉得在奥巴马的身上看到了脚踏实地的精神，这也是众多民众选择奥巴马的原因之一。

梦想是天空中翱翔的雄鹰，而奋斗则是雄鹰的翅膀。年轻人一旦有了梦想，就应该时刻将梦想牢记心中，并时刻提醒自己为了它而努力奋斗。梦想的实现不能一蹴而就，需要用一生去实践，为了实现梦想，我们需要从最基础的事情做起。年轻是我们的资本，青春的时光我们要用来奋斗，只有不怕吃苦和奋斗，才有可能实现我们的梦想。

第二章

吃苦算什么，年轻人就要对自己狠一点

年轻人能吃苦可谓是一种资本。吃苦就是要去面对苦难和挫折，年轻人不怕吃苦受累，对自己狠一点，才能有立足于强者之林的本钱。年轻人不要总是看到别人成功的光环，却忽略了他们背后的努力。其实，吃别人所不能吃的苦，忍别人所不能忍的气，做别人所不能做的事，才能享受别人所不能享受的一切。

1

人生不要怕吃苦

俄国大作家屠格涅夫曾经说过：“你想成为幸福的人吗？但愿你首先学会吃得起苦。”在这里，吃苦就是要去面对苦难和挫折。其实，人来到这个世上都是要吃苦的，吃苦是一种品质，我们要有吃苦精神。

在很久以前，有一个老农种了两片庄稼地，一片在东南，一片在西北，相距甚远。这一年，幼苗刚长成，恰逢扎根期，东南一片经常受到雨水的浇灌，而西北一片则滴雨未见。扎根期过去之后，东南与西北的条件相同。有许多人认为，东南片的庄稼一定优质高产，因为它的幼苗期环境优越。

然而，事实恰恰相反。到收获时，西北片的庄稼亩产1000斤，而东南片的庄稼亩产才800斤。

很多人对这种现象非常不解，就去找老农询问。老农听后，哈哈一笑说：“道理很简单。西北片的庄稼幼时少雨，看似不利，但因为少雨，庄稼为了生存，就把根扎得很深且很牢。到后来，在相同的条件下，根扎得深的庄稼，就能汲取到

更多、更丰富的营养，所以它们会优质高产。”

老农的话看似平淡，但含义何其深刻。苦难有时并不是不幸，而恰恰是上天给予我们的恩赐。正是这些苦难，促使我们不断挖掘生命潜能，主动汲取人类的智慧，丰富自己的学识，博大自己的心胸，将生命的根扎得很深、很牢，为日后的脱颖而出打下坚实的基础。

吃苦是人生的立业之本，如果说前辈的吃苦精神在很大程度上是环境逼出来的，那么当代人或者说年轻一代人则要靠“自觉吃苦”来养成。所谓“自觉吃苦”，就是要有吃苦的思想准备，深谙“宝剑锋从磨砺出，梅花香自苦寒来”的道理，把吃苦当做磨炼自己意志的“磨刀石”，自觉投身于艰苦的生活和工作中，在磨砺中培养吃苦的精神品质。

一位美国心理卫生专家说：“有十分幸福童年的人常有不幸的成年。”中国有一句谚语：“穷人的孩子早当家。”两句话其实有异曲同工之妙，它们都透露出这样一个道理：经历过煎熬才能有所建树，吃不了苦只能被优胜劣汰的生活打败。

宋晓明是一名刚刚毕业的大学生，他的理想是去一家大公司做经理。因为毕业于普通学校，他在找工作时屡屡碰壁。但是他并没有因此就放弃自己的理想。他又一次走进一家公司的大门，在面试快要结束时一位考官问了他这样一个问题：“老实说，你的条件很一般，你能说出一个我们不得不雇用你的理由吗？”

宋晓明脱口而出道：“我能吃苦，从小就能。”

几名考官相互对视了一会儿，微笑着让他回去等消息。宋晓明以为自己又一次被刷下来了，没想到，一个星期后他却收到了那家大公司的应聘通知。原来，在面试后的第二天，考官就专门去学校调查了他，了解到他的家境很贫寒，在学校期间确实是个能吃苦耐劳的好学生。考官觉得公司缺少的就是这种能吃苦的员工，所以决定破格录用他。

不久，宋晓明被安排去一个偏远地区开辟市场，在这之前他的上司曾经将这项任务交给三个人，均被他们推掉了，这三个人无一例外地说，那个地方生活水平低，要想在那里销售公司生产的产品不太现实，只能是白忙一场。宋晓明接到上司的指示后什么都没说，只带着一些公司产品的样品出发了。三个月后，宋晓明回到公司，带来了一大沓订单，他告诉上司，经过这段时间的努力，他和那里的几个大的经销商谈好了，他们同意代理公司的产品，而且他还直接和许多客户签了单子。上司满意地对他说："干得不错。"

宋晓明就这样不怕吃苦地干着，从不和公司讨价还价，每次都努力完成任务。三年后，他晋升为公司的市场经理。

这个故事告诉我们：能吃苦就是资本。吃苦的滋味不好受，会让人觉得委屈，但吃过苦、具备吃苦耐劳品质的人会在布满荆棘的人生路上走出一条康庄大道来。人这一辈子，年轻时所受的苦不是苦，都不过是一块跳板。年轻吃苦才能发掘出身体里的宝藏，反之，老了再面临险境则后悔晚矣！

亲爱的朋友，如果老天善待你，给了你优越的生活，请不要埋藏了自己的斗志；如果老天对你百般设障，更请不要磨灭了对自己的信心和向前奋斗的勇气，不要怕吃苦。当你抱怨自己已经很辛苦的时候，请看

看那些透支着体力却依旧食不果腹的劳动者。有了对比，你就会知道自己所吃的那点苦根本不算什么。

因此，当你想要放弃努力了，一定要想想那些为了梦想睡得比你晚、起得比你早、跑得比你卖力、天赋还比你高的人，他们就是因为不怕吃苦而逐渐走向成功的。

2

先尝苦中苦，才知苦后甜

佛陀说，吃苦消苦，苦尽甘来。人世间所有甜蜜的果实，皆要通过风吹雨打的考验和苦难的磨炼，才能闪耀于枝头。没有苦，哪有甜？但是，如何吃苦，吃什么样的苦，以怎样的方式吃苦，这些都是我们要思考的问题。因此，“吃苦”是一门学问，而且是人们生活中必不可少且应该弄懂的学问。

敢吃苦能吃苦的人，先苦后甜，是因为他们能吃苦而不会再吃苦；怕吃苦不吃苦的人，先甜后苦，是因为他们怕吃苦而偏偏要吃苦。先苦后甜，是苦尽甘来。享乐在先，或许令人羡慕，但这只是一个过程，不会永远乐下去，乐到尽头便是苦。吃苦在先，同样也是一个过程，不会永远苦下去，苦到尽头便是甜。

或许吃苦让很多人觉得委屈，但它是人生必经的阶段，是走向成功的垫脚石。苦难就像一颗外苦内甜的果实，只尝一口，尝到的只能是苦涩，慢慢咀嚼下去就会尝到里面的甘甜。所以不要在刚吃到苦时就哀叹自己的日子过不下去了，只要把苦头吃尽，甘甜自然就会来。有人会羡慕那些含着金汤匙出生的人，羡慕他们一辈子都不用吃苦，但从来不曾吃过苦并不是什么好事。不能吃苦耐劳的人，即使给他万贯家财，他也会在未来的某一天挥霍一空。

2010 年 9 月 21 日，在万众瞩目的第八届中国金鹰艺术节暨第二十五届中国电视金鹰奖颁奖晚会上，她除了获得最受观众喜爱的女演员奖外，更击败姚晨等女星，以全场最高票数斩获当晚最具分量的人气大奖，获封新晋“视后”。

她就是著名演员海清。

海清毕业于北京电影学院，但是，她的资质并不突出，毕业后，历经十年打拼，才从女配角到女主角，从电视剧终于进入贺岁大戏。关于自己，海清说得最多的就是：“我是不够漂亮的女演员，所以我的成功是吃苦得来的。”

12 岁时，海清进入江苏省戏剧学校，17 岁进入江苏省歌舞剧团，不到两年，她从一名舞者变成团里最年轻的编导。那时，她前途似锦，团领导把她定位为“未来的顶梁柱、接班人”。但她自己很清醒，歌舞团这种体制内的地方自己绝不可能待一辈子。因为她无论是肌肉力量还是各方面条件都不适合跳舞，于是，她果断地离开了。

1997 年，海清以总分第一的成绩考入北京电影学院表演系，成为黄磊的学生。在北京电影学院求学期间，她的学姐赵薇因为《还珠格格》一夜走红，再加上黄晓明、陈坤崭露头角，北京电影学院表演系被誉为中国的“造星梦工厂”。然而，海清求学的几年中，除了客串过一个小角色外，并没有接拍任何作品。她知道，提升自己的表演功底和理论水平，才是最关键的。

大学毕业后，海清报考了人艺话剧院，考了两回都落榜了。考官给她下了判决书：不会演戏，不爱笑，以后拍电视剧都不成。偶尔进入剧组拍戏，导演总是告诫她，她的表演只能完成角色，不能给角色加分。

海清受过很多打击，所以对于导演的言语打击司空见惯，并将其作为激励自己的动力。后来，她回忆说：“我非常感谢那些最初骂我演戏不好的导演，这是上天赐我的礼物。现在，每每遇到我越拍越没自信时，我都能够在一种不满的情绪中用仅存的一点自信完成拍摄，且一直不断地告诉自己，我很棒。”

功夫不负有心人，海清经历了多次的苦难磨炼后，终于迎来了属于她的巅峰。随着《双面胶》《蜗居》的播出，海清走进了观众的视野，在贺岁片《赵氏孤儿》中，海清再次出色地扮演媳妇的角色。总制片人陈红在选定海清时曾说：“选择海清是因为她身上有‘接地气’的实在和生动，可信而亲切。”

一个不爱笑、不够漂亮、没有突出天分的女孩，如今却成了一个演员成功范本。海清的成功给了我们深刻的启示：成功不要怕吃苦。我们每个人要想在工作中成长，就得经历一次次苦难，只要我们怀着感恩的心态来看这些苦难，就会发现，每一次苦难，都有其独特的“好处”，关键是如何让自己发现这种好处并利用好。因此，我们应该怀着感恩的心来感谢苦难。因为如果没有苦难，我们大概只会是温室里的花朵，经不起风吹雨打，更不会在工作上得到经验；没有工作过程中的磨难，我们的意志也不会越来越坚定，更不会取得工作上的进步。

年轻人不要害怕吃苦，吃得了苦才有成功的机会。不怕苦，只会苦一阵子；若怕苦，可能会苦一辈子。对于年轻人来说，吃苦让内心更强韧，更经得起困难与磨炼。要相信所有出现在人生中的苦难与挫折都是有意义的，是为了磨炼自己，为了让自己成长，为了造就更美好的自己。只有困苦与磨难，才能使人耳聪目明，才能使人活得自信和自在。所以，当你觉得痛苦的时候，那正是你磨炼意志、锻炼体魄的最佳时刻。

年轻人不要怕吃苦，艰难困苦是人生的至宝。从苦难到幸福，其实只有一步之遥，那就是学会“吃苦”，吃苦可以让人生更美好。孟子告诉我们：“天将降大任于斯人也，必先苦其心志，劳其筋骨，饿其体肤，空乏其身。”他教育人们应该有乐于吃苦的精神。但现代社会中，很多人似乎被欲望冲昏了头脑，急功近利、好逸恶劳，早将古人的教诲抛到了九霄云外。殊不知，要想追求幸福、快乐的生活，“吃苦”是必须经历的阶段。苦难是人们走向幸福黎明前的黑暗，只有吃得了苦，才能享得了福，人生的历程正是有了苦难的考验才能铸就非凡的成就。风雨过后，曾经灰暗的天空才能显现出不一样的澄澈、湛蓝，生命只有经过苦难风雨的洗礼才能变得更加美丽和精彩。

3

不要将年轻作为逃避的借口

有人说年轻就是资本，然而，年轻固然是资本，但如果一个人在他年轻的时候，在他风华正茂之际，不懂得奋斗，不去努力的话，那么再年轻也没有价值。这种所谓的年轻不仅没有用，反而会成为平庸的借口。

以年轻作为借口去逃避眼前的困难，是懦夫的表现，也许现在你不认同，但年轻的你，过了几年还是一事无成的时候，会发现年轻不再，事业还在原地踏步。因此，别让青春留下悔恨与不堪，别再骗自己时间还充裕，别再把年轻当成不作为的借口。

小马是一个“90后”，大学毕业后在某营销策划公司工作。一天，他的一位朋友找到他，说自己的公司想做一个小规模的调查。朋友希望小马出面，先把业务接下来，然后朋友自己去运作，最后的调查报告由小马把关。当然，朋友答应会给小马一笔费用。

那是一笔很小的业务，看上去没什么大的问题。但市场调查报告出来后，作为专业人士的小马很明显地看出其中的水分，但由于他急于出去玩耍，只是简单做了些文字加工和改动，就把它交给了这位朋友。

事情就这样过去了。几年后的一天，公司派小马与别人组成一个项目小组，一块去完成北京新开业的一家大型商场的整体营销方案。这是一个很重要的项目，直接关系到小马日后的升职问题，所以小马很重视。不料，对方的业务主管明确提出，因为对小马的印象不好，要求换人。原来，该主管正是当年市场调查项目的那个委托人，小马因为当年的不负责，最终自食恶果，升职也泡了汤。

也许，事例中的小马只是偶然地遇到这两件事，从而失去了自己的机会，但这种偶然性当中其实已包含了必然性，因为越是从微不足道的小事上，越能看出一个人的本质来。一个对自己经手的事情敷衍塞责的人，怎么可能是认真、敬业的人呢？这样的人，怎么能够赢得别人的信任与赏识呢？小马最初的草率，已注定他日后将丧失良机。

柳青教育我们："人生的道路虽然漫长，但紧要处却只有那么几步，特别是在人年轻的时候。"人们说年轻真好，可以有犯错误的机会，但是有的错误却不能轻易去犯。因为，有些事情一步错了就会步步皆错，有些事情错了一次就会悔恨终生。

因为年轻，我们不怕犯错，因为不怕犯错，我们犯了许多错，因为犯了许多错，我们成熟了，可是青春呢？一去不返。一个人能有几回青春，有几次年轻呢？"青年人好像早晨八九点钟的太阳。"但太阳也会东升西落，我们也会有老去的一天。每个人都会告别年轻，所以我们要随着长大，学会承担责任。年轻不是我们犯错的资本，不是逃避的

借口。

的确，“年轻”可以安慰很多人，不仅在取得成就的时候，更是在失败的时候。在家里，一件事情没做好，慈祥的父母会鼓励你：没关系，你还年轻，你还有很多时间！在学校里，一次考试没考好，和蔼的老师也会安慰你：不急，你还小，还有时间！将来参加工作了，一点事情没做好，老同事会笑着说：小伙子，别泄气，好好学，你还年轻。年轻可以在犯错误时，潇洒地说一声：“年轻人容易犯错。”是的，年轻人总是太冲动，做事常不经大脑。年轻犯错可以原谅，但是年轻不是用来当借口的。

“80后”的张美美高中毕业没有考上大学，只能到北京打工，挣钱养家。两年后一次同学聚会，同学们都在畅想着自己的未来，诉说着自己的梦想，只有张美美一个人坐在角落里，大家都对没能上成大学的张美美投去了同情的目光。这次聚会后，张美美觉得自己应该为自己的未来做打算了，她对自己说：“我没有学历，所以必须要更加努力，因为只有现在努力才能改变自己的未来。”

张美美在一家期刊发行公司工作，因为学历不高，她刚进公司时只是一个打字员。打字是一件很枯燥的事情，但是张美美相信每一点努力都会有收获，所以她很快就在工作中找到了乐趣——偷偷地和别的打字员进行比赛。开始，张美美每分钟只能打100个字；很快，张美美的录入速度达到了每分钟190个字，竟然超过了打字部组长的录入速度。张美美的变化逐渐被周围的人发现，她一天比一天努力，总能快速地完成工作，而且错误率极低，渐渐地，整个公司的人都对她刮目相看。

到了年底，在公司例行的业务考核中，张美美获得了第一名，而改变命运的机会也同时到来，打字部的组长刚好调换工作，张美美当然是最合适的接替人选。不过，这仅仅只是一个开始，张美美并没有放松对自己的要求，她不满足于只当一个打字员，于是她又给自己定下了一个新的工作目标：成为一个优秀的编辑。

张美美开始利用休息时间跑到公司的编辑部向编辑请教一些专业的问题，自己还买了专业书，规定自己每天看一到两个小时。一年以后，张美美考取了北大成人夜校的中文系，并最终获得了学历。就这样，张美美通过自己的努力顺利成为这家期刊发行公司的正式编辑。然而她丝毫也没有放松对工作的要求，仍然不断向着最好的自己改变。

十年过去了，同学再次相聚，这时的张美美已经有了美满的家庭和成功的事业，她有了一个可爱的小女儿，也成为一家著名企业的创意总监。

年轻是每个青少年所拥有的，是一个人骄傲的资本。年轻具有一种朝气，一种蓬勃向上的力量。年轻，可以幻想一切，也可以创造一切，但不要老拿年轻当做醉生梦死的借口。在我们还年轻的时候，在一切还来得及的时候，感情上失恋了，事业上失败了，选择上失误了，都没有关系，至少我们还有时间，还可以从头再来。有时受挫不是一件坏事，至少我们能吸取一点教训，找到一点差距，调整一下思路，改变一下方向。但是，千万别拿年轻当做逃避现实的借口，因为你年轻，所以更应该奋斗！

4

要培育出珍珠，就要先历尽痛苦

当沙子进入贝壳体内，贝壳要经受痛苦的煎熬和时间的磨炼，才能把沙石培育成珍珠。贝壳虽然承受了痛苦，却孕育了一颗美丽的珍珠。自然界中天天发生着的事，告诉我们一个道理：要培育出珍珠，就要先历尽痛苦。一个人要想卓尔不群，就要有鹤立鸡群的资本，承受不住寂寞和平淡，就很难达到辉煌。只有承受常人不能承受的痛苦，才能把一粒沙子变成一颗价值连城的珍珠。虽然培育珍珠的过程是痛苦的，是要忍受艰辛与磨难的，但珍珠的价值是一粒沙子所远远不能比拟的。

因此，吃苦是成功的先导，年轻人要想取得成功，就必须接受痛苦的磨炼。缺乏痛苦，人生将剥落全部光彩，幸福更无从谈起。当痛苦袭来，别拒绝、别害怕，要学那些坚强的贝壳，勇敢地接受痛苦，就能孕育出美丽的珍珠。

一个23岁的女孩，除了有着丰富的想象力之外，与别人相比并没有什么不同。平常的父母、平常的相貌，上的也是平常的大学。大学自由的环境让她有了较多的时间去想象，她的脑海中常会出现童话中的情景：穿着白衣裙的美丽姑娘、蔚蓝的天空、绿绿的草地。当然，还有巫婆跟魔鬼……他们之间有着许多离奇的故事，她常常动手把这些想法写下来，并且乐此不疲。

在大学里，她爱上了一个男孩。他的举止和言谈真的和童话里的王子一样，他是她想象中的“白马王子”，她很爱他。但是，他却受不了她脑海中那些荒唐的不切实际的想法。她会在约会的时候突然给他讲述一个刚刚想到的童话，他烦透了这样远离人间烟火的故事。他对她说：“你已经23岁了，但你看来好像永远长不大。”他弃她而去。

失恋的打击并没有使她对自己产生怀疑，她一如既往地做着自己的童话美梦。25岁那年，她带着一些淡淡的忧伤和改变生活环境的想法，来到了她向往的具有浪漫色彩的葡萄牙。在那里，她很快找到了一份担任英语教师的工作，业余时间继续想她的童话。

一位青年记者很快走进她的生活，青年记者幽默、风趣而且有才华。她爱上了他，并且他们很快步入了婚姻的殿堂。但她的奇思异想也让他苦不堪言，他开始和其他姑娘来往。不久，他们的婚姻走到了尽头，他留给她一个女儿。她经受了生命中最沉重的一击。祸不单行的是离婚不久，她又被学校解聘了。无法在葡萄牙立足的她只得回到了自己的故乡，靠领取社会救济金和亲友的资助生活，但她依旧热爱自己的童话。这时她的要求不高，只是把这些童话故事讲给女儿听。

有一次，她在英格兰乘地铁，坐在冰冷的椅子上等晚点的

地铁到来，一个人物造型突然涌上心头。回到家，她铺开稿纸，多年的生活阅历让她的创作热情一发不可收拾。

她的长篇童话《哈利·波特》问世了，并不看好这本书的出版商出版了这本书，没想到，一上市就畅销全国，达到了数百万册之巨，所有人都为此感到吃惊。

她叫乔安娜·凯瑟琳·罗琳，被评为“英国在职妇女收入榜”之首；被美国著名的《福布斯》杂志列入“100 名全球最有权力的名人”，名列第 25 位。

痛苦，人人都有过，但坚强的智者不会让它长存，而是会以这痛苦为基础，孕育出自己的美丽。人，都有过不幸，但不会把自己的不幸转变为幸福的人才是真的不幸。也许幸福的起步就是那痛苦，只有你正视这磨难，如那不声不响的珍珠贝，在沉默与坚韧中孕育出辉煌。

古人云：“艰难困苦，玉汝于成。”讲的是要成大器，必须经过艰难困苦的磨炼。纵观古今，孕育出“珍珠”者，无一不是吃过不少苦的。太史公说：“盖文王拘而演《周易》；仲尼厄而作《春秋》；屈原放逐，乃赋《离骚》；左丘失明，厥有《国语》；孙子膑脚，《兵法》修列；不韦迁蜀，世传《吕览》；韩非囚秦，《说难》《孤愤》……”可见，培育每一颗珍珠都要经受痛苦的磨砺。

痛苦对人生而言，是一种神圣的锤炼。人这一生，要成就事业，必须坚持不懈、持之以恒地努力。这是众所周知的，只是真正能这样做的人并不多。物欲的诱惑，功利的驱使，游乐的招引，你能抵挡得住吗？数载苦索，十年寒窗，乃至一生埋下头去，你承受得住吗？一些人退却了，只得半途而废；一些人气馁了，只能前功尽弃；一些人一曝十寒，只能一事无成。年轻人只有迈着坚定不移的步伐，义无反顾，才能挺过去，才能培育出美丽的珍珠。

因此，如果你想拥有美丽的珍珠，那就从现在做起，付诸行动吧！

5

最优秀的人往往是那些受磨难最多的人

古往今来，凡成就事业者，无一不经过一番艰苦攀登，闯过一道道险峻关隘，经历过无数的磨难。逆境何曾困志士，磨难毕竟铸英雄。上苍赐予我们的总是喜忧参半。苏武牧羊是磨难，司马光“警枕夜卧”是磨难，现代人的开拓进取和创新也是一种磨难。生命中总有许许多多的坎坷与我们不期而遇，总有甩脱不掉的磨难纠缠我们，这就是曲曲折折的人生之路。

磨难是我们“真诚的朋友”，没有磨难的社会无法进步，因为不断承受并克服磨难，人类才得以存活。我们今天的繁荣是祖先一代代不怕艰险、无所畏惧、披荆斩棘发展过来的，人类发展的历史就是一部不断经历磨难、克服磨难的历史。我们每一次战胜磨难的过程，其实就是超越自我的过程。

前美国副总统亨利·威尔逊出生在一个贫困的家庭里。当他还在摇篮里时，贫穷就已经露出了它狰狞的面孔。他深深地

懂得，当他向母亲要一片面包而她手中什么也没有时是什么样的滋味。他在10岁时就离开了家，当了11年的学徒工，每年仅可以接受一个月的学校教育。在11年的艰辛工作之后，他得到了1头牛和6只绵羊作为报酬。他把它们换成了84美元。从出生一直到21岁那年为止，他从来没有在娱乐上花过一美分，每个美分的花销都是经过精心计算的。他完全清楚拖着疲惫的脚步在漫无尽头的盘山路上行走是什么样的感觉……

在他21岁生日之后的第一个月，他带着一队人马进入人迹罕至的大森林里，去采伐那里的大圆木。每天，他都是在天际的第一抹曙光出现之前起床，然后就一直辛勤地工作到星星探出头来。在一个月夜以继日的辛劳之后，他获得了6美元的报酬，当时在他看来这可真是一个大数目啊！每个美元在他眼里都跟晚上那又大又圆、银光四溢的月亮一样。

在这样的穷途困境中，威尔逊下决心，决不让任何一个发展自我、提升自我的机会溜走。很少有人能像他一样深刻地理解闲暇时光的价值，他像抓住黄金一样紧紧地抓住了零星的时间，不让一分一秒从指缝间流走。

在21岁之前，他已经设法读了1000本好书——想想看，对一个农场里的孩子，这是多么艰巨的任务啊！在离开农场之后，他徒步到100英里之外的马萨诸塞州的内蒂克去学习成为皮匠的技术。他风尘仆仆地经过了波士顿，在那里他可以看见邦克·希尔纪念碑和其他历史名胜。整个旅行只花费了他1美元6美分。然而，一年之后，他已经在内蒂克的一个辩论俱乐部脱颖而出，成为其中的佼佼者了。时间相距不到8年，他在马萨诸塞州的议会发表了著名的反对奴隶制度的演说。12年之后，他与著名的查尔斯·萨姆纳平起平坐，进入了国会。

对于威尔逊来说，生活的困苦和艰辛并没有阻挡自己去控制命运，他把每一个磨难都当做成功的阶梯，一步步地迈向成功。有时候，人生中有价值的事，并不是人生的美丽，而是人生的酸苦。古今中外，在事业上有建树、成功的人士，他们成名之前大多数都经历过生活中的各种磨难。由此可见，我们应该感谢生活中的磨难，因为它给我们带来成功的机会和胜利的奇迹。

自古圣贤多磨难。很多时候，一个人没有经历磨难，难成大器。表面上看，经受磨难的日子是苦涩的、可怕的，它可以使一些人意志低迷消沉，无法奋起。但磨难又可以说确实是我们生活中最真诚的朋友，因为真正促使你成熟，促使你坚强、再接再厉、百折不挠，能够鞭策你取得更大进步的不是别的，在一定的意义上正是我们生活中所经历的磨难。

王佳为公司勤勤恳恳地干了六年，马上就要升职加薪了，却迎来了一场磨难：她到山东出差期间，公司分配了需要指导的新人。等她赶回广州，好一点的新人都被别人“认领”了，只剩下一个典型的“歪瓜裂枣”：一个据说只在民办大专里读了两年就跑出来混的小男生。

人事经理对她说：“王佳，这个人是临时招进来的，你随便指导指导，不出错就好了。”

王佳笑眯眯地点头，心里却很生气：我混了那么多年，还不明白你们的意思，就算我呕心沥血把他教成了优秀员工，你们也不见得满意，我要真的随便指导你们还不把我给杀了？再

说，升职指标只有一个，同部门的小李也是虎视眈眈，如果这时候输给了他，说不定就输得一败涂地。

可要想赢过小李简直是太难了。人家小李指导的新人是名牌大学毕业生，还在多家知名企业里实习过。看来，这个亏王佳是吃定了。

同事们都很同情王佳。大家都看得出来，她指导的那个小男生真的很不适应公司的节奏，一封催货的英文电子邮件，别人花 15 分钟可以搞定，他却要用“一指禅”僵硬地在电脑键盘上慢慢敲半个小时，每天都要加班两个小时以上才能完成当天的任务量。

王佳为此头疼得要命，不但自掏腰包买了一套打字软件送给他，而且每天下班后都要留在办公室里陪他加班。好多次上司从外面谈完生意回到公司开小会，都能看到办公室里灯火通明——王佳还在指导新来的员工。

尽管王佳如此费心费力，三个月后新员工试用期考察结束，小李指导的那位新员工的表现还是远远超出她指导的新员工。

出乎大家意料的是，虽然王佳指导的新员工的表现远远不如小李的，但王佳却赢得了部门里唯一一个升职指标。公司领导都知道这位新员工的素质比较差，也多次目睹王佳指导新员工的场面，他们觉得，王佳肯吃苦，有容人之量，更具有领导者的气质。

人的一生不可能一帆风顺，年轻人要感谢所经历或将要经历的磨难，它带给我们力量，让我们积累经验，使我们坚强振作起来。磨难对弱者而言是万丈深渊，对懒惰者而言是一座幽深的坟墓，对强者而言却是一块向上攀登的垫脚石。谁没经历磨难，谁的人生就不会拥有令人羡慕的成就和荣耀。特别是在信息高速发展的今天，在市场经济的风浪中，在残酷竞争的旋涡里，强者在磨难的冷峻和无情的洗礼中得到升华，弱者在磨难的旋涡里逐渐地下沉。

磨难能使人优秀。因此，若想做一个出类拔萃的人，不妨多经历些磨难。人的容颜往往和磨难成反比，人的魅力往往和磨难成正比。崎岖本是征人路，怀志无须怕磨难，世界上，所有荣誉的桂冠，都是用荆棘织成的。磨难犹如一把锋利的刻刀，美好的雕像出自刻刀的雕刻，虽然百般痛苦，但因为始终有一颗坚毅执着的心，所以最终成就了美梦，展现了光芒。

6

畏惧吃苦只会一无所获

李敖有句话：“怕吃苦，吃苦一辈子；不怕苦，吃苦半辈子。”这句话对我们年轻人很有启示。它蕴含着两个道理，其一是人生本身就是一场与痛苦并存的旅行，并不像很多人想象的那么轻松。从生下来的那一天起，我们就开始了人生的修行，无论你生长在怎样的家庭，都会面临人生的各种难题。其二是不要怕吃苦，如果你不能战胜痛苦和挫折，你这一生终将一事无成。

现在有些年轻人“谈苦色变”，唯恐避之不及。一帮女孩聚在一

起，号称姐妹，在一起聊吃的、穿的、化妆品，想的是网上购物、刷微信、刷微博、追韩剧；一帮男孩聚在一起，号称哥们，在一起逃课、抽烟、打扑克、玩游戏……以为这就是该有的青春。其实，这种观念是极其错误的。不经一番彻骨寒，怎得梅花扑鼻香？要成就一番事业必须要经历一番苦难，经历过风雨的洗礼才能见到夺目的彩虹，所以想要成功就要不怕吃苦，就要敢于拼搏。

有一个穷汉天天在地里干活，起早贪黑、披星戴月很是辛苦。有一天他忽然想："每天干活这么辛苦，不知道什么时候才能挣到足够的钱供我享受，为什么我不去祈求神灵的帮助呢？"

他为自己的想法而洋洋得意，觉得自己很是聪明，找到了这么一个成功的好方法。于是，他对妻子说："家里的地交给你了，你好好播种，我要发财去了。"然后他就来到了山顶的神庙里，恭恭敬敬地跪下，开始日夜祈求神灵的帮助。

"伟大的神啊，请你赐给我财富，让我成为富人吧！"

神听到了这个人的祈求，可是却很为难："这个家伙什么也不做，不肯付出一点劳动，我用什么理由给他财富和成功？不行，我得去点化点化他。"

于是，神摇身一变，化为他的妻子，出现在了他的面前。

这个人见到妻子也来到了庙里，不禁大感奇怪，问道："你来这里做什么？我不是吩咐过你，让你好好播种吗？"

妻子回答："我当然也是来祈求神灵的保佑啊，我要祈求神灵保佑，即便是我不努力播种，麦子也能在田里自然生长，获得好的收成。"

那人一听大怒，痛骂妻子："你真傻，不在田里播种，却在想着获得好的收成。世上哪有不劳而获的事？”

妻子装着没有听见，对他说：“刚才你说什么？我没听清楚，你再说一遍？”

那人俯在妻子耳边大声说：“听好了，世上没有不劳而获的好事，傻子也知道，不播种不可能得到果实的！”

这个时候，神灵现出了原形，对他说：“诚如你自己所说，世上没有不劳而获的事。你要想得到果实，必须付出劳动；你要想得到财富，就必须付出努力。所以，你求我是没有用的，财富和成功，只掌握在你自己手中。”

这个寓言故事，说明了一个真理：只想获得、不想付出注定只会一事无成！年轻人赶快从梦中醒来，努力奋斗，不怕吃苦才是追求成功的正道。吃苦可以锻炼意志，吃苦可以使你坚强，吃苦可以改变人生！青年人要敢于吃苦奋斗，才会取得胜利，赢得成功。就像在赛车场上，有的人因为害怕，放弃比赛；有的人即使遇到困难，遭遇事故，也仍然继续坚持比赛，挑战极限！每个人都应该在自己有能力的时候去挑战自己，就算失败，也会为你的人生增添绚烂的一笔。

自古能吃苦的人有许多，如王冕学作画因贫穷买不起纸，就在沙上绘画，终于成了画坛圣手；匡衡为学知识，凿壁偷光，勤奋读书，终于成了一位文学巨匠；童第周因家境贫寒，晚上在路灯下看书，自强不息，终于成了第一个将青蛙卵和外膜隔开的生物学家。不怕吃苦，自强不息，才能到达成功的彼岸。历史上，刘禅继承他父亲刘备的皇位后，畏惧吃苦，曾经风云一时的蜀汉江山就这样葬送在了他手中。在今天，怕吃苦的人更是数不胜数，怕劳累、怕学习、怕工作、怕麻烦，久而久之，社会上就形成了一股弄虚作假的坏风气。

怕吃苦就会失去在困难中历练的好机会。仔细想想，当习惯了那些安逸的生活之后，你会惧怕改变，不愿受苦和面对挫折，懒惰的种子在心里滋生，你的人生也终将不会有太大的起色，你很可能会在未来面对更大的苦难，因为你年轻的时候逃避了。然而那些不怕吃苦的人，往往与成功结缘，因为成功的桂冠是用汗水、泪水、血水编织而成的。

臧克茂是我国的坦克电气自动化专家。在身边的领导、学生、同事和家人的眼中，臧克茂面对科研工作就是一个“拼命三郎”。20 世纪 80 年代，我军主战坦克炮控系统大大落后于世界水平，瞄准时间长、射击精度低，成为制约坦克战斗性能的“瓶颈”。1987 年，臧克茂选择了这个“瓶颈”作为自己科研的突破口。课题难度大，他白天晚上连轴转，一人当成两个用，大年三十下午，学生打电话到他家里拜年，他还在实验室忙着工作；科研经费少，他一分钱掰成两半花，出差住最便宜的小旅店，外出查资料就挤公共汽车，在国家专利局的图书馆，他一耗就是一整天，中午就着咸菜吃凉馒头……

在科研攻关初见眉目之时，癌症却突然袭来。臧克茂在看到化验单的一刻作出了两个决定：一是隐瞒病情，否则可能在领导、家人的阻止下中断试验；二是时间上抓紧抓紧再抓紧，一定要在病情无法控制之前把课题解决掉！穿刺、活检、理疗、化疗……频繁的手术，导致他血小板和白细胞数量降到正常人的一半，体重骤降 20 多斤，尿频、尿急等症状不断加重。为了尽早完成试验，他每天只睡三四个小时，长时间的超负荷工作，使他常感到头晕乏力。在一次洗澡时竟跌倒在浴室里，头部磕破，缝了 6 针。第二天一早，他戴上一顶大棉帽捂住伤口，照常出现在实验室。

每当遇到科研攻关的艰难时刻，臧克茂总说：“搞科研不能怕吃苦，怕吃苦就不要搞科研。”1995 年，我国第一台 PWM 炮控装置终于研制成功，该装置正式列装后，使我军主战坦克火炮瞄准时间显著缩短，射击命中率大幅提高，同时这项成果也荣获了国家科技进步二等奖和军队科技进步一等奖。

成功属于力争上游、不怕吃苦的人。当一个人愿意接受很多的工作、很多的磨炼时，他在这些事情上的付出绝对不可能白费，因为这增加了他的本事。所以，不要怕付出，敢于吃苦奋斗到头来获益最大的是自己，年轻人为了自己的将来，还是多吃一些苦为好！

第三章

爱拼才会赢，不拼不闯的青春不值得一过

为什么很多成功者能白手打天下？那是因为他们敢于拼搏。所谓三分天注定，七分靠打拼，不打拼，怎么赢呢？一个不愿拼搏奋斗的人，终将一事无成。只有敢闯敢拼的人才能赢得闪亮的人生，才会有成功的胜算。纵观历史，可以知道：那些勇于拼搏的人，往往能有所成就。不敢拼搏，你就没有成功的机会。

1

敢想敢做，人生能有几回搏

衡量一个人成功与否，与金钱无关，与年龄无关，关键在于他是否能够拥有理想，是否勇于拼搏。只要敢于拼搏，世界就属于自己。人生的路要靠自己走，人生的价值要靠自己去实现，如果连拼搏的勇气都没有，那何谈成功？

“人生能有几回搏，此时不搏何时搏。”这是容国团的名言。容国团出生于香港的一个贫困家庭，15 岁时代表香港工会联合会乒乓球队参加比赛。17 岁的容国团在香港乒乓球埠标赛获得冠军，在 1956 年战胜 23 届世乒赛日本新科状元狄村，一举成名。1957 年，容国团前往内地，进入广州体育学院学习。当时中国体育仍遭西方封锁，中国运动员的体育成绩不被认可。面对这种国际环境，容国团在广州体委一次大会上，立下“三年夺取世界冠军”的誓言，引起轰动。

1958 年，容国团被选入广东省乒乓球队，同年参加全国乒乓球锦标赛，获男子单打冠军。1959 年 4 月 5 日在联邦德国

第25届世界乒乓球锦标赛上，容国团的“小球路”以3∶1战胜匈牙利名将悉多，为中国夺得了第一个乒乓球男子单打世界冠军，也是中华人民共和国第一个世界冠军获得者。比赛一结束，容国团手捧鲜花、奖杯的照片迅速登上国内外华人报纸的头版。不久，国际乒联通过决议，决定1961年的第26届世乒赛在北京举行。在26届世乒赛中，容国团又率队夺取了中国历史上第一个男子世界团体冠军。

容国团以勇于拼搏的精神为我国的乒乓球事业做出了巨大贡献，也为我们展示了拼搏精神的重要意义。在人生的旅途上，遇到困难只有拼搏才能继续前进。由努力拼搏而得来的东西，才显得尤为珍贵。

在热播电视剧《亮剑》中，有这样一段话令人记忆深刻：“古代剑客与高手狭路相逢，假定这个对手是天下第一剑客，高手明知不敌，也要毅然亮剑，哪怕血溅七步，也虽败犹荣。”该剧的主人公李云龙是个狠角色、强人，他之所以敢打，并能打赢许多硬仗，就在于他这种面对强敌时敢于亮剑的拼搏心态。“作为一名军人，明知不敌，也要敢于亮剑，这是中国军人的军魂！就像武侠小说中所描写的剑客一样，要敢于过招，而且要该出手时就出手。”这是李云龙戎马生涯的真实写照，也是他作为一名中国军人“宁可战死，不被吓死”的精神写照。可见，要强大起来，就要确立一种敢打敢拼的精神，无论遇到再强大的对手，都要勇于“亮剑”，敢于拼搏。拼搏使人的生命更有价值，拼搏可以使逆境转为顺境，年轻人都应该有拼搏精神。

丁磊是著名的网络创业者。大学毕业后，丁磊回到家乡，在电信局工作。电信局旱涝保收，待遇不错，但丁磊觉得那两年工作非常辛苦，同时也感到一种难尽其才的苦闷。他准备从电信局辞职，遭到家人的强烈反对，但他去意已决，一心想出去闯一闯。

他这样描述自己的行为：“这是我第一次开除自己。人的一生总会面临很多机遇，但机遇是有代价的。有没有勇气迈出第一步，往往是人生的分水岭。”他选择去广州。

初到广州，走在陌生的城市，面对如织的行人和车流，丁磊越发感到财富的重要性。最现实的是一日三餐总得花钱吧？也不可能睡在大街上成为乞丐吧？不知道去过多少公司面试，不知道费过多少口舌，凭着自己的耐心和实力，丁磊终于在广州安定下来，并进入一家外企工作。

经过一段时间的打拼，丁磊决定创办自己的网易公司。据说，所有的创业基金都是丁磊当年写软件时积攒下来的，而到底是多少钱尚无披露。“当时并没有老板的概念，只是希望按照自己的意图做事。”丁磊回顾说。丁磊坦言自己当时只有26岁，没有成熟的管理经验，“当时认为只需管好两三个人就行了，哪知企业管理需要如此多的时间、经验和知识”；资金也是问题，好在当时网络公司很少，他大胆设想用163这样的一个数字来注册一个域名，因为这样做不仅易记，而且不会像英文字母那样容易混淆、难念，把拨号上网的号码和公司名称都结合在了一起。丁磊如今说起来还颇为自得：“很多时候就是这样，最简单的地方却是许多人所想不到的。”后来网易的发展的确了得，创造了很多个中国互联网的第一。在中国IT业，丁磊成了举足轻重的人物。

事实证明，年轻人想要实现自己的梦想，就要敢于奋斗拼搏。丁磊能在信息产业中站稳脚跟不是偶然的，从创业开始，他每天都在关心新的技术，密切跟踪互联网新的发展，每天工作 16 个小时以上，其中有 10 个小时是在网上。他的邮箱有数十个，每天都要收到上百封电子邮件。他认为，虽然每个人的天赋有差别，但作为一个年轻人，首先要敢为理想奋斗。

成功贵在拼搏奋斗，纵观古今中外的名人志士，哪一个不是敢于拼搏，才铸就了成功的人生，谱写了人生的交响曲。没有今日的拼搏奋斗，哪有明日的丰盈硕果。其实，人生苦短，匆匆七八十载，算来算去，我们能搏一搏的时间只有短短几十年，说来好像很长，但细细算来却没有多长的时间。初入社会时我们满怀报国为民的远大志向，我们憧憬着美好的未来，敢做敢当，敢想敢干，感觉这个社会就是我们的天下！几经波折和磨难后，我们忽然发现，这个世界原来不是完全按照我们的意志在转动。于是，我们苦闷，我们报怨，我们痛恨得咬牙切齿，我们诅咒一切。但是这一切都是无用的，能够改变自己的只有敢于梦想和追求，为理想奋斗、拼搏才能不白活一回。人既然来到这个世界上，就要活得轰轰烈烈，就要勇于拼搏、有所作为。

2

培养敢冒风险的勇气

许多时候，年轻人想要成功只需要那么一点勇气和胆量，需要那么一点敢于冒风险的冲劲。当今时代，年轻人没有超人的胆识，就没有超凡的成就。冒险精神是年轻人不负青春、实现成功的最关键的因素！

人生，要敢于冒险！当即将抵达青春之岸时，我们应该自豪地告诉世界：我追求过、奋斗过，我为了走出一个辉煌的人生从来没有放弃过希望，从来没有停止过拼搏。有些人一生都没有辉煌，这并不是因为他们不能辉煌，而是因为他们的头脑中没有闪过辉煌的念头，或者不知道应该如何辉煌。当然，奋斗了，拼搏了，不一定就会成功，但想要拥有一个辉煌的明天，你必须坚定地踏出冒险的第一步！这也许就是奋斗的意义。

一天，某公司总经理向全体员工宣布了一条纪律：“谁也不要走进8楼那个没挂门牌的房间。”但是，他没有解释为什么。此后真的没人违反他的这条“禁令”。

三个月后，公司又招聘了一批员工。在全体员工大会上，总经理再次将上述“禁令”予以重申。这时，只听一个新来的年轻人在下面小声嘀咕了一句：“为什么?”总经理听到后并没有因这位新人的不礼貌而恼怒，只是满脸严肃地答道：“不为什么!”

回到岗位上，那个年轻人百思不得其解，还在思考着总经理为什么要这样做。其他工友则劝他只管干好自己的那份差事，别的不用瞎操心，因为“听总经理的，总是没错”。可那个年轻人偏偏来了犟脾气，非要把事情弄个水落石出不可。于是他决定冒公司之大不韪，走进那个房间探个究竟。

这天，他爬上8楼，轻轻地叩了叩那扇门，没有反应。年轻人不甘心，进而轻轻一推，虚掩着的门开了（原来门并没有上锁）。房间里没有任何摆设，只有一张桌子。年轻人来到桌旁，看到桌子上放着一个纸牌，上面用毛笔写着几个醒目的大字——“请把此牌送给总经理”。

年轻人拿起那个已落满灰尘的纸牌，走出房间似有所悟，乘电梯直奔15楼总经理办公室。当他自信地把纸牌交到总经理手中时，仿佛期待已久的总经理一脸笑意地宣布了一项让年轻人感到震惊的任命：“从现在起，你被任命为销售部经理助理。”

在后来的日子里，那个年轻人果然不负厚望，不断开拓进取，把销售部的工作搞得红红火火，并很快被提升为销售部经理。事后许久，总经理才向众人做了如下解释：“这位年轻人不为条条框框所束缚，敢于对上司的话问个‘为什么’，并勇于冒着风险走进某些‘禁区’，这正是一个富有开拓精神的成功者应具备的良好素质。”

其实，很多成功的门都是虚掩着的，只有勇敢地去叩开它，大胆地走进去，才能探寻出个究竟来。或许，那时呈现在你眼前的真的就是一片崭新的天地。毕竟，勇气是成功的前提，敢于破禁区者，必有意想不到的收获。

在美国商界，流行这样一句话：人生最大的冒险，就是你从来不敢去冒险。对一个追求成功的人来说，最重要的是不畏失败，敢于尝试。如果具备了这种勇气，那么面前的道路将无比宽阔。冒险精神是勇气的一种体现，一个年轻人拥有它就会获得成功，失去它就会流于平庸；一个企业拥有它就会赢得市场，失去它就会停滞不前，甚至走向失败。

人生也是这样，你不去冒险，不去奋斗，没有人会送给你一个灿烂的前程。虽然任何成功都有运气的成分，但是首先要有勇气去尝试，这样，当运气来临，你才能够抓住机遇。如果没有勇气，你永远都不会拥有任何机会。天下没有免费的午餐，要想获得某些东西，你首先要做的是付出一些东西。

人是需要勇气的。没有勇气的人就像失去了脊柱，直不起腰，挺不起背来，只能匍匐在人生之路上，阳光照不到他的身上，幸运女神也绝不眷顾他。纵观历史，没有哪一个伟人名士是缺乏勇气的，因为有了勇气，他们才勇于冒险，才变得出类拔萃，才能站在时代的巅峰傲视群雄。

一位年轻人在杜兰特公司找到一份工作，半年后，他很想了解公司总裁对自己的评价，虽然他觉得事务繁忙的总裁可能不会理睬，但这位年轻人还是决定给总裁写一封信。他在信中

向总裁问了几个问题，最后一个，也是最重要的一个问题是："我能否在更重要的位置上干更重要的工作？"

没想到总裁回信了，他没有回答这位年轻人的其他问题，只对他最后的问题作了批示："刚好公司决定建一个新厂，你去负责监督新厂的机器安装吧。但你要有不升迁也不加薪的准备。"随同那封回信，还有总裁给他的一张施工图纸。

年轻人没有经过这方面工作的任何训练，却要在短时间内完成任务，在一般人看来，这是非常困难的。那年轻人也深知这一点，但他更清楚，这是一个难得的机遇，如果自己因为困难而退缩，那么可能永远也不会有幸运垂青于他。于是他废寝忘食地研究图纸，向有关人员虚心请教，并和他们一起进行分析研究。最后，工作得以顺利开展，并且提前完成了总裁交给他的任务。

当这位年轻人向总裁汇报这项工作的进展时，意外的是，他没有见到总裁。一位工作人员交给他一封信，总裁在信中说："当你看到这封信时，也是我祝贺你升任新厂总经理的时候。同时，你的年薪比原来提高10倍。据我所知你是不能看懂这图纸的，但是我想看看你会怎样处理，是临阵退缩还是迎难而上。结果我发现，你不仅具有快速接受新知识的能力，还有出色的领导才能。当你在信中向我要求更重要的职位和更高的薪水时，我便发现你与众不同，这点颇令我欣赏。对于一般人来说，可能想都不会想这样的事，或者只是想想，但没有勇气去做，而你做了。新公司建成了，我想寻找一个总经理，我相信，你是最好的人选，祝你好运。"

生活中确实有许多的“不可能”萦绕在我们心头，它无时无刻不在侵蚀着我们的意志和理想，许多本来能被我们把握的机遇也在这“不可能”中悄然逝去。其实，这些“不可能”大多是人们的一种想象，只要能拿出勇气主动出击，那些“不可能”就会变成“可能”。我们很多时候之所以不能成功，缺乏的不是才能和机遇，而是缺乏那种大胆尝试的勇气。

亚里士多德曾把勇气称为第一种美德，塞缪尔·约翰逊则称之为最伟大的德行。他们的理由如出一辙：勇气使其他所有德行成为可能。勇气意味着承担风险，在人生的旅途中我们总会遇到各种挫折和磨难，这时候，我们需要勇气，用它来武装自己，披荆斩棘，以到达人生的巅峰。拥有勇气，你就有了风帆，一路乘风破浪；拥有勇气，你就有了开道的长戟，一路过关斩将；拥有勇气，你才拥有完整的人生。

3

勇于创新，打破思维的枷锁

对于年轻人来说，在很多时候，创新的价值甚至超越经验。一个有创新能力的员工最受企业和老板欢迎。这些创新型员工在企业内的发展前景以及在岗位上创新的资本，同样也是那些缺乏创造力的一般员工所望尘莫及的。对于年轻人来说，创新就是最大的武器。

很多人说创新很难，他们说：环境太普通了，不能创新。其实，创新的本质是突破，即突破旧的思维定势，旧的常规戒律。创新的基础是创造性思维，创造性思维就是以新的不同寻常的方式考虑问题、寻找方案。

年轻人要想有创新思维，就要打破思维枷锁。思维枷锁其实就是一种思维模式，它的最大特点是形式化结构和强大的惯性，当我们面临新情况、新问题而需要开拓创新的时候，它就是一只“拦路虎”。正如法国生物学家贝尔纳所说：“妨碍人们创造的最大障碍，不是未知的东西，而是已知的东西。”

美国纽约有一家商场生意兴隆，渐渐地电梯不够用了，于是商场老板决定再加一部，老板聘请了一位建筑师和一位工程师商量怎样增设新的电梯。专家们经过研究讨论，都认为最好的方法是每层楼都打个大洞，直接通过这些洞安装新电梯。

方案拟定后，专家们坐在商场前厅商谈工程计划，刚好他们的谈话内容被一位正在打扫卫生的清洁员听到了。清洁员说：“要是每层楼都打个大洞，肯定会弄得到处都是灰尘，乱糟糟的，到时候谁还来咱们商场。”两位工程师瞥了清洁员一眼，说：“那肯定是难免的，你有什么好的建议呢？”由于清洁员天天在这里上班，对这座商场大楼非常熟悉，加上他善于观察，勤于思考，立即说道：“要是我，我会把电梯装在楼外。”二位工程师一听，觉得这种方法不仅保持了商场正常运转，而且省去了很多工程量，就采取了清洁员的意见，把电梯装在了楼外。

创新就是改变我们既有的思维方式。“这太难了！”“这不可能！”

在现实生活中，我们总会碰到很多看似强大的事物，我们会下意识地认为，战胜如此强大的事物是不可能的。其实，真正阻碍我们的是我们心理上的障碍和思想中的顽石，踢开顽石的最好方法是换个思路，不畏惧、不退缩。再强大的事物也会有突破口，找到突破口，然后行动起来，再大的障碍也会轰然倒塌。

创新就是要敢大胆地试、大胆地闯。因此，员工必须增强创新意识，并始终保持与时俱进、开拓创新的精神。创新是我们事业进步、立于不败之地的秘诀。创新不仅代表了我们的能力，还可以提升我们的名誉、价值与前途。只有创新，年轻人才能在未来的发展中不断开辟新的天地，才能与时俱进。

加藤信三曾经是狮王牙刷公司的一个小职员。有一次，夜里加班到很晚他才回家。第二天早上，加藤信三为了赶去上班，刷牙时急急忙忙，结果在刷牙的时候，因为过于匆忙，牙齿被刷出血来。作为一名牙刷公司的职员，使用公司生产的牙刷竟然多次出现这种问题，他感到非常恼火。

到了公司，他跟办公室的几个同事一起讨论这个问题，相约一同设法解决牙刷容易伤及牙龈的问题。他们想了不少解决牙刷造成牙龈出血的办法，对牙刷进行必要的改造，从牙刷的刷毛质地、牙刷的造型、牙刷刷毛的排列顺序等方面提出了很多重要的改造方案。经过长时间的研究，加藤终于找到了最好的解决办法。原来，以前的牙刷由于是机器切割，所以刷毛顶端全部都是呈锐利的直角，这才是刷牙出血的真正原因。加藤信三决定改善刷毛的切割方式，将刷毛的顶端全部弄成圆角。

经过实验取得成效后，加藤正式向公司提出了改变牙刷刷

毛形状的建议。公司领导看后，也觉得这是一个特别好的建议，欣然把全部牙刷毛的顶端改成了圆形。改善后的狮王牌牙刷受到广大顾客的欢迎，销路极好，销量直线上升，最后占到了全国同类产品的40%左右，公司盈利颇丰。加藤也由普通职员晋升为科长，十几年后成为公司的董事长。

这个故事启迪我们：工作中创新无处不在！牙刷不好用，在我们看来都是司空见惯的小事，所以很少有人会想办法去解决这个问题。然而加藤通过观察不仅发现了这个小问题，而且还对小问题进行了细致的分析，从而使自己和所在的公司都取得了成功。

创新是一个国家和民族发展的不竭动力，也是一个年轻人应该具备的素质。在工作中，许多员工抱着坚守岗位的态度，一切因循守旧，缺少创新精神，认为创新是老板的事，与自己无关，自己只要把分内的工作做妥就行，舍此无他，这种思想实在要不得。创新不需要天才，创新只在于找到新的改进方法，任何事情的成功，都是因为能找出把事情做得更好的办法，而能找出把事情做得更好的方法，就是创新。

创新其实没有那么神秘，每个人都可以创新，每个岗位、每个地方都可以创新。创新的关键就在于打破常规，突破定势，敢于破界，敢想、敢做、敢挑战。只要敢于破界，看到的必将是另一个崭新的天地。

4

把握机会，努力拼搏

成功，就是在奋斗中把握机会。歌星靠一首歌成名，演员靠一部戏走红，人的一生中能取得多大的成就，与他是否把握住了某个关键的机会有密切关系。许多时候，人们都会为了某件事情没有做而悔不当初，他们通常会遗憾地说自己当时为什么没有怎么做之类的话。其实，往往当事情已经发生过了，后悔是没有任何意义的。对年轻人来说，好多重要的机会都只有一次，没有重来。所以，如果想要不后悔，就要把握好关键机会。

张海是一家家具厂的采购员。由于该厂计划进一步扩大生产规模，为了提高产品质量以增强市场竞争力，企业决定从东北地区引进一批优良木材。于是，公司派张海去采购这批木材。有的人很羡慕他能有如此“美差”，因为这次公司采购的份额很大，只要在报价上略施小计，肯定能捞不少的“外快”。

到了东北以后，张海并没有直接去找供货商联系，而是先到木材市场做了一番深入细致的调查。他联系到了几个同行，

大家在一起交流后，张海发现自己所要采购的这批木材的市场价格比供货商开出的价格要低五个百分点。于是，张海对市场作了进一步的研究分析，很快得到了供货商的价格底线。

张海并没有隐瞒这个事实，立即将自己所掌握的信息向公司作了汇报，在接到公司要求张海全权负责的通知之后，他开始找供货商谈判。由于已经对市场作了调查，张海并没有被供货商的花言巧语所迷惑，最终以较低的价格签订了购买合同。

张海由于抓住了市场机会，为公司做出的贡献及对工作认真负责的态度，他很快受到了公司的重用，被任命为供应部门的主管经理。

很多时候，机会就是改变自己、改变人生的平台。其实，重要的机会并不是很多，大致表现在升学、恋爱、晋升等，只要用心去把握了，我们的人生就不会留存大的遗憾。机会决定命运！想想那些成功人士，哪一个不是抓住了机会走上去的？

机会，只属于那些有准备的人。好多年轻人在学习上不用功，在工作上不钻研，干什么事都敷衍了事，小事不愿做，大事做不了，却总感觉自己怀才不遇，没有遇到好机会。其实，对于一个不学无术的人来说，即便真的机会来访，他也未必能抓住。人的一生都是在寻找机会的过程中度过，但是，未必每一个人都能特别清楚地认识到什么是自己的机会。这样，机会就从身边悄悄地溜走了。有些人多年以后才明白，曾经的那次机会没有抓住。

人获得的一切成功都是自己努力的结果，机会无法衡量一个人努力的程度，能衡量努力程度的只有结果。把握好一次机会，可抵得上一千次、一万次的努力。所以，要想抓住身边的每一次机会，就必须勇于拼搏！

几年前，“80后”的金峰在一家建筑材料公司当业务员。当时公司最大的问题是如何讨账。产品不错，销路也不错，但产品销出去后，总是无法及时收到回款。有一位客户，买了公司10万元产品，但总是以各种理由迟迟不肯付款，公司派了三批人去讨账，都没能拿到货款。当时金峰刚到公司上班不久，就和另外一位员工一起被派去讨账。他们软磨硬泡，想尽了办法。最后，客户终于同意给钱，叫他们过两天来拿。两天后他们赶去，对方给了一张10万元的现金支票。他们高高兴兴地拿着支票到银行取钱，结果却被告知，账上只有99900元。很明显，对方又耍了个花招，给他们的是一张无法兑现的支票。第二天就要放春节假了，如果不及时拿到钱，不知又要拖延多久。

遇到这种情况，一般人可能一筹莫展了。但是金峰突然灵机一动，拿出自己的100元钱，让同去的同事存到客户公司的账户里去。这样一来，账户里就有了10万元，他立即将支票兑了现。当他带着这10万元回到公司时，董事长对他大加赞赏。

由于完成了任务，金峰在公司的职位不断高升。5年之后，他当上了公司的副总经理，后来又当上了总经理。

苦难有时就是机会。类似于金峰所遇到的困难，职场中每天都在上演，只是有的人充满自信地去行动，有的人却是知难而退。世界上最可悲的一句话就是：“曾经有一个非常好的机会，可惜我没有把握住。”遗憾的是，这种事情在很多人身上都发生过。其实，机会对我们所有人都是平等的，它有可能降临在我们每一个人的身上，但前提是：在它到

来之前，你一定要做好准备。

愚者错失机会，智者善抓机会，成功者创造机会。对有准备的人来说，遍地都是机会。这“准备”二字，真不是说说而已。很多人都在羡慕那些看上去似乎是一夜暴富的人，总感慨自己没有得到像他们那样的机会。可是，大家都看到了他们成功的一面，却没有意识到在他们风光的背后，为达到目的所作的准备。如果说成功确实有什么偶然性的话，这种偶然的机会也只会垂青那些有准备的人。

小王是一家连锁餐饮集团公司的普通营业员，平时工作非常努力，常常被评为最佳店员。有一次，一家闹市区的连锁店里突然发生了一起意外事件，一位食客在进餐时突然倒地，四肢抽搐，口吐唾沫。众人一时惊慌失措，纷纷怀疑食品中毒，甚至有人拿出电话通知报社和电视台。在这关键时刻，小王镇定自若，一方面指挥其他店员打急救电话，一方面竭力安抚顾客，保证不是食物中毒，而且整个公司从来没有出现过类似事件。但很多人还是不相信，不断用手指抠挖嗓子眼，想吐出食物。这时，还是小王挺身而出。她告诉大家，食物绝对没有毒，并当场吃下很多饭菜。为了防止谣言扩散，她还请求大家等待急救车的到来，由医生评判。这样，大家情绪才稳定下来。不久，急救车过来了，经验丰富的医生告诉大家，所谓“中毒”顾客实际上是典型的“羊角风”发作，不过凑巧赶在这样一个场合，大家尽可放心。电视台和报社来到后，小王将事件的来龙去脉解释清楚，并详细介绍了公司的卫生措施。坏事变好事，小王的行动让一场负面报道变成了正面报道。小王的勇敢和机智避免了一场虚惊向灾难的演化，受到公司的高度赞扬，不久就升任店长。

上天只会欣赏并犒劳在奋斗中敏锐地抓住机会的人。机会，就是上天送给聪明勤奋者最好的礼物。在奋斗中把握好机会，这样，年轻人才会走上成功的“捷径”，直至成功。因此，不要天天企盼机会从天而降，祈祷幸运女神的眷顾，机会是靠自己把握的，努力做好当下，完善自己，才能把握住随时到来的机遇，才能成就未来的美好。

5

只要精神不滑坡，方法总比问题多

职场中最优秀的人，是最重视找方法的人。主动找方法解决问题的人，总是社会的稀缺资源。不管是国内还是国外，只要有这样的人出现，他们就像明星一样闪耀，即便他不去刻意追求机会，机会也会主动找上门来。职场中的你，假如通过找方法做了一件乃至几件让人佩服的事，就能很快脱颖而出，并获取更多的发展机会。

辛巴是一个18岁的男孩，他想在暑假来临之前找到一份工作。

辛巴在广告栏上仔细寻找，终于选定了一个很适合他并且

他也擅长的工作，广告上说找工作的人要在第二天早上8点钟到达76号街的一个地方。辛巴在7点45分就到了那儿。可他看到已有20个男孩排在那里，他是队伍中的第21名。

形势对他而言并不乐观。怎样才能引起特别注意而竞争成功呢？这是他的问题。他应该怎样处理这个问题呢？根据辛巴所说，只有一件事可做——想办法。只要认真思考，办法总是会有的。终于，辛巴想出了一个办法。他拿出一张纸，在上面写了一些东西，然后折得整整齐齐，走向秘书小姐，恭敬地说："小姐，请你马上把这张纸条转交给你的老板，这非常重要。"

"好啊！"她说，"让我来看看这张纸条。"她看了不禁微笑起来。她立刻站起来，走进老板的办公室。老板看了也大声笑了起来，因为纸条上写着："先生，我排在队伍中第21位，在你没看到我之前，请不要做决定。"于是辛巴得到了这份工作。

一个会动脑筋想办法的人总能找到问题的关键，然后解决它。辛巴懂得了遇事必须想办法的道理，眉头一皱创意来，有了创意便有了优势，有了优势，机会自然属于他了。

"实在是没办法！""一点办法也没有！"这样的话，你是否熟悉？是否你的身边，经常有这样的声音？当你向别人提出某种要求时，得到这样的回答，你是不是会觉得很失望？当你的上级给你下达某个任务，或者你的同事、顾客向你提出某个要求时，你是否也会这样回答？当你这样回答时，你是否能够同样体验别人对你的失望？一句"没办法"，我们似乎为自己找到了不解决问题的理由。但也正是一句"没办法"，浇灭了很多创造之火，阻碍了我们前进的步伐。是真的没办法吗？还是我们根本没有好好动脑筋想办法？

在美国华盛顿的杰斐逊纪念堂前，有一堆造型别致的石头。让管理者烦恼的是，从一开始这堆石头就被腐蚀得非常严重，清洁维护部门不得不投入大量的人力。他们也想过能否将这些石头搬走，但这样做不仅需要一笔经费，还影响了纪念堂整体的布局。对于这个问题，很多人都一筹莫展。

一天，一名清洁工敲响了主管领导办公室的门，他说自己可以解决这个让人头疼的难题。面对领导不信任的目光，清洁工问道："你想想看，为什么石头会腐蚀？"

"很简单，因为维护人员过度频繁地清洗石头。"领导回答道。

"为什么需要这样频繁的清洗？"

"这还用问吗？难道你没看到石头上经常有鸽子们的粪便！"领导有些恼火地说。

"为什么那里会有那么多鸽子？"清洁工平静地继续问道。

"当然是有足够多的蜘蛛可供它们觅食。"

"那么，为什么蜘蛛都选择在这里呢？"

"因为……每天傍晚，这里有许多飞蛾。"领导迟疑地答道。

"为什么飞蛾要飞到这里呢？"清洁工又问。

"这可能是黄昏时纪念堂的灯光的原因吧！"

说完这句话，这个领导豁然开朗，他立即命令推迟纪念堂的开灯时间。没有了灯光，飞蛾就不会来那里；飞蛾少了，蜘

蛛也渐渐消失了，鸽子也就很少来了……一个困扰了人们多年的难题，就这样被轻而易举地解决了。

这就是找方法的价值和妙处！对每个人而言，找到好的工作方法是个人职业生涯中一项最重要的技能。只有这样，我们才能战胜通向成功路上的困难。对于职场人士来说，当遇到问题和困难时，能否主动去找方法解决，而不是找借口回避责任，对他在职场中立足和发展具有决定性作用。懂得去寻找方法的人，在遭遇任何挑战时都能寻找到成功的突破口。

许多年轻人抱怨自己做不好事情，原因可能就在于不会运用好的方法去解决问题。在他们眼中，问题俨然成了一座无法逾越的大山，只能束手就擒。殊不知，人的智力提高是一个逐步的过程，只要努力去想方法，方法总是有的，也总会比问题多。只要你能够战胜对艰难的畏惧，并下决心去努力，你就能越来越多地找到解决问题的方法。

在美国的企业中流行这样一句话："上帝永远都不会奖励那些埋头苦干的人，只会奖励努力而又用对方法的人。"2004 年 10 月，美国著名杂志《商业周刊》刊登的一篇文章，可能让我们对思维在人生中的价值认识更深刻。在这篇名为《最佳商学院排名》的文中披露：在调查的公司中，芝加哥大学的毕业生最受欢迎。为什么该校的毕业生最受欢迎呢？主要因为该校培养了大批经济神童，而大批经济神童之所以能在这里产生，是由于该校特别重视对 MBA 学员进行分析问题和解决问题的思维方法能力的系统训练。正如一位富翁所说："只有看到别人看不见的事物的人，才能做到别人做不到的事情。"

美国布鲁金斯学会培养出了世界很多杰出的推销员。它有一个传统，在每届学员毕业时，学校都要设计一道能展现推销员能力的实习题，让学生去完成。小布什总统在任期间，布鲁金斯学会出了一个这样的题目：请把一把小斧子推销给布什总统。许多学员认为这根本就不可能，总统怎么会需要这样一把斧头呢？于是，很多人放弃了，个别学员甚至认为，这道毕业实习题不会有人能够完成。

然而，乔治·赫伯特却没有寻找任何不能够完成的借口，而是设想了多套方案。他调查到小布什总统在得克萨斯州有一个农场，里面有很多树，他兴奋地告诉自己：我可以做到了！

于是他给小布什总统写了一封信，说："有一次，我有幸参观您的农场，发现里面长着许多树，但是有些树的枝叶已经枯萎了。我想，您一定需要一把小斧头，对这些树亲自进行修整。假如您有兴趣的话，请给予回复，我会提供给您一把非常棒的斧头。"

最后，他真的把那把斧头卖给了总统。

把斧头卖给总统确实是一件不太容易的事情，但是乔治·赫伯特却完成了这一艰巨的任务。大多数人都认为没有办法完成的任务，少数人却出色地完成了。这是为什么？是因为大多数人拒绝面对这样的困难，固执地认为这些困难不可克服，并以别人的失败为借口，而不是去寻找解决的办法。

工作其实就是解决问题，在这个过程中，选择好的方法至关重要。因为只有在正确的方法指导下，年轻人才能以最少的时间、最少的资源达到目标。只要精神不滑坡，方法总比问题多。因此，工作不能总是按老规矩、老观念、老习惯、老脑筋去办，而是要"变"，变则通，不变则永远不通。当我们在一条路上走不通时，不妨转换一下思路，问题可能就会迎刃而解。

6

多动脑筋，吃苦并不等于蛮干

想要取得好的业绩，就要懂得多思考、讲方法，而不是一味苦干蛮干。埋头苦干的敬业精神确实值得提倡，但需要注意的是，职场是一个需要用成绩来说话的地方，因此必须注意效率。不难发现，在我们的身边有很多人工作勤恳，但忙忙碌碌一辈子就是没干出什么成绩，不仅没得到上司的提拔，反而在上司和同事中留下了“笨”的印象，实在是可惜。

苦干是每个上司都喜欢看到的员工的行为，但上司更希望看到的是员工巧干、高效率工作后的成果。我们不妨设想一下，上司有同一项任务，交给甲需要一个月才能完成，而交给乙仅要两周就可以完成，那么上司在用人时会首先考虑哪一位呢？因此，苦干并不等于蛮干，要善于动脑子想办法，提高自己的工作效率。

一家建筑公司的老板在查看账务报单的时候，发现有一张报账单上所列东西不是任何建筑器材，而是两只小白鼠。总经理不由心生疑惑：公司买两只小白鼠干什么？他有些生气，不知道是哪个员工居然拿公司的钱买小老鼠玩。

调查后，老板把员工王娇叫到了办公室问道：“你觉得小白鼠很好玩是吗？你能解释一下为什么公司非要买两只小白鼠吗？”员工王娇并不急于为自己辩解，而是问了经理一个问题：“上周我们公司去修的那所房子，电线都安好了吗？”“安好了。”经理没好气地说。王娇解释道：“当时我们要把电线穿过几根15米长但是直径只有3厘米的管道，而管道砌在砖石里，并且拐了4个弯。小张和小赵费了很大劲把电线往里穿，花了2个小时才穿好了一根。后来我想了一个好主意，到一个宠物店买来两只小白鼠，一公一母，然后把一根线绑在公鼠身上，并把它放到管子的一端，另一名工作人员则把那只母鼠放到管子的另一端，并且逗它吱吱叫。当公鼠听到母鼠的叫声时，便会顺着管子跑去救它。公鼠顺着管子跑，身后的那根线也被拖着跑。我把电线拴在线上，小公鼠就拉着线和电线穿过了整个管道。”

老板听了恍然大悟，惊喜万分，他很欣赏王娇的做事方法。从此，王娇就成了老板的重点栽培对象，一直被老板重用。

巧干胜于蛮干。只有抓住了事情的关键，才能找到有针对性的方法。例子中，王娇就是巧干的代表，遇到难题不是蛮干而是想办法寻求更有效率的工作途径，这样的员工才是老板需要的得力助手。

美国有位教授用了10年时间潜心研究一个问题——如何帮助年轻人成为职场红人。他对世界500强企业和各大政府机构进行调查研究，

结果发现，所谓的职场红人，不一定有高人一等的智商、超越常人的交际能力，也不一定有卓越的领导力，他们之所以成为职场红人，靠的是善于找方法的思考能力，他们懂得运用自身拥有的一切资源，从而找对方法做对事。

有一位知名的物理学教授睡到半夜醒来，发现自己的实验室里依然灯火通明。他来到实验室里，看到自己的一名学生正在实验台前忙碌着。

教授关心地问道：“怎么这么晚还没休息？你现在做实验，白天都做了些什么呢？”

学生回答：“我白天也在做实验啊。”

教授稍微停顿了一下，说：“勤奋固然很好，但令我好奇的是，你把所有的时间都花在做实验上，有思考的时间吗？”

就像教授所说做好工作的秘诀很简单，就是要勤思考，要善于开动脑筋去想办法，用智慧去解决问题。像这个学生那样埋头苦干、积极投入的态度固然是好的，但工作的最终目的是找到正确的方法解决问题。作为一名优秀的员工，你要做的不是一味地表决心和一味地咬紧工作不放松，而是善于动脑筋，将问题处理好。只要在工作中主动开动我们的大脑，好方法就会如泉水般涌出，我们也会在职场获得更大的成功。

在企业中，有很多员工一生都在兢兢业业地努力工作，不敢让自己有丝毫的停歇。在我们周围也经常会遇到这种同事，他们对老板交代的任务一丝不苟、全力执行，从早上进了公司就开始埋头苦干，直到下班，别人休息的时候他们也还在加班加点地工作。我们不能说他们不够勤奋，也不能说他们不够敬业。按照常理，这类员工的业绩肯定差不了，但事实是他们的业绩往往却并不理想。为什么？因为他们不懂得思考，不懂寻找解决问题的巧妙途径。因此，他们会走很多弯路，办事效率自然就低了。

“成功并不一定在于金子，而在于脑子。”年轻人要卖力地工作，更要聪明地工作。很多人认为工作量与成功之间存在着一种直接的联系，即一个人所投入的人力、物力和精力越多，获得的成功就越多。然而，拼命地工作不一定能如预期那样给自己带来成功，收获想象中的成就感。只有能干、肯干又懂得巧干的员工，才能既多一些时间享受生活，又获得更佳的业绩。所以，赶紧开动你的脑筋，用不一样的眼光，发现不一样的机遇，创造不一样的人生吧！

第四章

没有付出哪有回报，闪光的青春离不开勤奋和汗水

梦想需要勤奋来做动力，青春离不开勤奋和汗水。没有勤奋，梦想只能渐行渐远，正如那些懒惰之人，总是在抱怨之中与梦想擦肩而过。一个人要想获得成功，就必须为之付出相应的努力，世上没有免费的午餐，也没有不劳而获的成功。只有勤奋，才能帮助我们创造奇迹，并且获得成功！

1

天道酬勤，谁的青春不奋斗

在如今这个竞争激烈的社会中，想要实现梦想，我们就必须勤奋。天道酬勤！勤奋努力是通向成功的唯一道路。勤奋，是一种积极向上的人生态度，也是每一个人成才的必经之路。

要想在这个人才辈出的时代走出一条完美的职业轨迹，唯有勤奋、认真地对待自己的工作，不断付出努力。因此，年轻人不要怕付出，不管是学习还是工作，都需要我们付出艰辛的努力，才会有所成就。

刘德华唱歌和演戏的天赋都很一般，但是，他却用他最独特的感召力征服了亿万的歌迷和影迷，那就是他的勤奋。

17 岁的刘德华刚步入娱乐圈时，他只能算作是浩瀚大海中的一滴水，广阔夜空中的一颗星，平凡而普通。从演小配角开始，摸爬滚打，对于一个没有背景、没有靠山的人而言，他除了勤奋，别无选择。

刘德华开始学唱歌时，得到的是一片倒彩声；在尝试写歌词时，前辈批评他文理不通，应该先去中文系学几年再说；即使唱红之后，依然有电台老板评论他根本不懂唱歌，更没有唱歌的天分。别人花一个小时能做成的事，他需花三个小时才能做成。然而，通过坚忍不拔的执着和努力，这个“笨小孩”最终成为香港“四大天王”和“世界十大杰出青年”之一。直到现在，他的歌和电影依然红火，是演艺圈里不可多得的“长青树”。

刘德华自己说，他最大的特点就是勤奋，下的功夫比别人多三倍，才能和别人不一样。

成功离不开汗水，要想收获丰硕的果实，就要先播下勤奋的种子。不论你从事何种职业，位于何种职位，只有勤劳地用双手去工作的人，才能做好手中的工作，职业之路才能越走越宽。纵观古今中外，那些真正做出了成就的名人，并不是因为他们个个是天才，而是因为他们付出了比别人更多的精力，付出了比别人更多的汗水。世界上没有任何东西可以代替勤奋，高超的天赋也不能代替。成功和勤奋是成正比的，有一分耕耘才能有一分收获，成就人生和事业的基础只能是勤奋。

一个人的进步与成才，环境、机遇、天赋、学识等外部因素固然重要，但更重要的是依赖于自身的勤奋与努力。缺少勤奋的精神，哪怕是天资奇佳的雄鹰也只能空振双翅；有了勤奋的精神，哪怕是行动迟缓的蜗牛也能雄踞塔顶。成功不单纯靠能力和智慧，更要靠每一个年轻人的忠诚、敬业和勤奋。只有坚持不懈地付出努力，才是取得成功的不二法门。无论在文艺界、体育界，还是在商界、政界，这都是永恒的真理。

因此，那些懒懒散散，每天只等着日出日落混日子的人，是不可能达到事业的顶峰的。

天上不会无缘无故地掉馅饼，世间也不会有不需付出的收获。年轻人想要获得事业上的成功，就必须具备付出的心态。如果只是坐在原地幻想，那么永远也不可能成功。唯有付出努力，才能摘得香甜的果实。

当卡洛·道尼斯先生刚开始工作时，职务很低，而现在，他已经成为了一家公司的总裁。之所以能如此快速升迁，秘密就在于"勤奋"。

朋友拜访道尼斯先生询问其成功的诀窍，他平静而简短地道出了其中的缘由：

30年前，我开始踏入社会谋生，在一家五金店找到了一份工作，每月才挣75美元。有一天，一位顾客买了一大批货物，有铲子、钳子、马鞍、盘子、水桶、箩筐等，这位顾客过几天就要结婚了，提前购买一些生活和劳动用具是当地的一种习俗。货物堆放在独轮车上，装了满满一车，骡子拉起来也有些吃力。送货并非我的职责，而完全是出于自愿。

一开始一切都很顺利，但是，车轮一不小心陷进了一个不深不浅的泥潭里，我使尽吃奶的劲儿都推不动。一位心地善良的商人驾着马车路过，他用马拖出我的独轮车和货物，并且帮我将货物送到了顾客家里。在向顾客交付货物时，我仔细清点货物的数目，一直到很晚才推着空车艰难地返回商店，我为自己的所作所为感到高兴。但是，老板却并没有因为我的额外工作而称赞我。

第二天，那位商人找到我，告诉我说，他发现我工作十分勤奋努力，热情很高，尤其注意到我卸货时清点物品数目的细心和专注。因此，他愿意为我提供一个月薪500美元的职位。

我接受了这份工作，并且从此走上了成功之路。

勤奋是每一个有理想的年轻人的必修课，学会了这门功课，你才敢于直面困难，砥砺坚韧的意志和品格。勤奋吃苦，应是年轻人的座右铭。天上不会掉馅饼，初进社会的你，并没有雄厚的财力、物力支持，你能做的，只有通过勤奋努力拉近与梦想的距离。在这个世界上，没有人能随随便便成功，要想在某个领域做出一番成就，那就要有所为，必须使出自己的全部能量，勤奋努力，刻苦付出。

2

克服懒惰，一勤天下无难事

人的惰性是一种可怕的精神腐蚀剂，它可以让人整天无精打采，使人对待生活和工作都消极颓废。富兰克林说：“懒惰就像生锈一样，比操劳更能消耗身体。”萧伯纳则说：“懒惰就像一把锁，锁住了知识的仓库，使你的智力变得匮乏。”懒惰的人没有进取心，不愿意去参与竞争，有机会就偷懒，他们是不会勤奋的。事实证明，这样做到头来受害的是他们自己。因此，我们要学会克服懒惰，勤奋工作。

她 2003 年 8 月进入央视，10 月开始主持早间节目《第一时间》。进中央电视台不到3年，她便获得了2005年度央视十佳主持人。2011年主播《新闻联播》，成为新一代“国脸”。她是中央电视台一位优秀的主持人，她的名字叫欧阳夏丹。

欧阳夏丹为了实现梦想，靠的是自己比别人多付出千百倍的努力。学生时代的夏丹已经用行动告诉大家勤奋是通向成功的唯一捷径。在广院（北京广播学院，后改称“中国传媒大学”），她的文化课成绩是第一名，但专业一般。毕竟，在语言能力上，北京的同学有明显优势。但她并没有“认命”，每天清晨6点她就起床，到学校的操场上，对着白杨和核桃树练声。到了第二年，没有老师督促，坚持练声的同学也少了，而她还一直坚持着，因为她相信“勤能补拙”。大二时，她的文化课还是第一，而专业课已到中上水平。

老师总是喜欢进步快的学生，于是推荐她去主持学校艺术节的“歌手大赛”。这让她感到颇为紧张，因为广院的学生普遍都很活跃，在这类场合会动不动就起哄、叫倒好。但是那晚，同学们一直安静地看节目，没有人起哄鼓倒掌。她靠自己的实力，在广院取得“第一次成功”。

更大的成功意味着更多的付出。每天凌晨四点半，两个闹钟加一部手机唤醒她进入工作状态。不管雨雪风霜，她都要直奔自己的岗位。

即便已成为央视“新锐主持人”的代表，欧阳夏丹依然没有止步，又分阶段地制订一些学习计划，补习一些新闻的知识，加强英语学习，向一个双语主持人的目标迈进了。

古语有云，“一勤天下无难事”，可以说，任何成功，都是从勤奋的苦根上长出来的甜果。稍微留心，我们就会发现这样一个现象：世界上所有的成功者都有一个共同的品质，那就是勤奋。他们当中有智商很高的人，也有智商不是很高的人，无论上天给了他们一个什么样的大脑，但无一例外，他们都通过勤奋走向了成功。再看看那些成功人士：美国福布斯排行榜的前10名首富，有6名是白手起家，他们每周的平均工作时间为56小时，而比尔·盖茨更是高达80小时。据《洛杉矶时报》报道：意大利人每年有42天带薪假期，法国人有37天，德国人有35天，英国人有28天，而美国人只有16天！美国劳工统计局的数字显示，美国人每周工作49小时，加起来每年要比欧洲人多工作350小时。美国之所以拥有了今天的财富和地位，与美国人民勤劳拼搏的精神是分不开的。

勤奋的人最聪明，他们认真对待当前所处的一切境遇，同时怀揣着对明日美好的向往。他们不用为任何现实的条件去降低自己的标准，而是在勤奋的过程中创造和收获各种的爱或者安全感，这一切并不来自于别人的馈赠，而来自于自己。鲁迅先生曾经说过：“哪里有什么天才，我是把别人喝咖啡的工夫用在了工作上罢了。”这一句话，真真实实地道出了伟大成就的来源就是勤奋。

勤奋是通往成功人生的必经之路。世界上绝顶聪明的人很少，绝对愚笨的人也不多，一般人都具有正常的能力与智慧。但是，为什么你总是与成功无缘呢？我们可以想一下，当清晨别人已经赶到公司，开始准备一天的工作时，你是否还赖在床上不肯起来？当别人抓紧一切时间学习，充实自己的时候，你是否还在兴致勃勃地逛着街？当别人晚上熬夜加班的时候，你是否已经沉醉在电视剧里，无法自拔？如果这就是生活中和工作中的自己，那你还有什么资格去要求和别人一样的高薪？还有什么资格去奢望一个更高的职位呢？我们不得不承认，躺下休息永远比付出劳动更惬意。可是，不要忘记了，没有勤奋地付出，就不可能有丰硕的收获。

李建是一家建筑公司的总经理，没人能想到5年前他是作为一名送水工被这家公司的一支建筑队招聘进来的。虽然只是个送水的，但他并不像其他的送水工那样，把水桶搬进来之后就一面抱怨工资太少，一面躲在墙角抽烟。每天送来水后他就给每一个工人的水壶都倒满水，并在工人休息时缠着他们讲解关于建筑的各项工作。很快，这个勤奋好学的送水工引起了建筑队长的注意。两周后，李建当上了计时员。当上计时员的他依然勤勤恳恳地工作，他总是早上第一个来，晚上最后一个走。由于他对所有的建筑工作，比如打地基、垒砖、刷泥浆等都非常熟悉，每当建筑队的负责人不在时，工人们有不懂的地方总喜欢问他，他也乐此不疲。

一次，负责人看到李建把旧的红色法兰绒撕开后包在日光灯上，以解决施工时没有足够的红灯来照明的困难，便决定让这个勤奋又能干的年轻人做自己的助理。李建一点一点地努力，因为他明白，现在的每一点努力都是在为自己的未来增加筹码。

李建的努力没有白费，现在他已经成为这家建筑公司的总经理，他依然专注于工作，从不说闲话，也从不参与任何纷争，每天都在努力地工作和学习。他也经常鼓励大家学习和运用新知识，还常常拟计划、画草图，向大家提出各种好的建议。只要给他时间，他就可以把客户希望他做的所有事都做到最好。

李建没有什么惊世骇俗的才华，他从一个普普通通的送水工做起，每天坚持不懈地努力，终于让领导看到了越来越优秀的他，从而最终得到了上级的赏识，一步步做到总经理的职位。这样的故事每天都在发生，那些步履不停、不断向前迈进的人，正是这个社会前进的动力。

勤奋就是对待同样的工作，你比别人更卖力，以求尽善尽美地完成。如果你智力平庸、能力一般，那唯一属于你通往成功的捷径就是勤奋。

职场中，每个人都憧憬成功，但有的人只是一直幻想，却总是不愿意付出行动。这种人注定与成功无缘。当代书画家范曾说过这样一段话：“在艺术上我绝不是一个天才。为了探求精深的艺术技巧，我曾在苦海中沉浮，渐渐从混沌中看到光明。苍天没有给我什么独得之厚，我的每一步前进，都付出了通宵达旦的艰苦劳动和霜晨雨夜的冥思苦想。”从这段话中，我们可以看到，那些成功人士耀眼的光环都是用勤奋的汗水浇灌出来的。

有人或许会说，我不是不愿意努力，也不是不勤奋，只是我太笨了，能力太差了，我根本就做不好。可是中国有一个成语叫“勤能补拙”，或许你的能力有所欠缺，或许你的学历学识比别人低，但对于职场人士来说，笨不可怕，怕的是没有一种勤奋的精神和笨鸟先飞的勇气。当我们的能力明显不如别人时，就需要加倍地努力，用勤奋填补能力的空缺。别人一天工作八个小时，那我们就工作十个小时，多学多干总有一天会赶上甚至超过他人。我们要相信，哪怕天分再低，能力再差，当付出足够的勤奋和努力后，我们也终会得到回报。

3

主动承担，工作自动自发

英特尔总裁安迪·葛洛夫应邀到加州大学伯克利分校作演讲，他对毕业生发表演讲时提出以下建议：“不管你在哪里工作，都别把自己只是当成员工——应该把公司看作是自己开的一样。”当然，这番话的真正用意并非建议你对公司的事务指手画脚，横加干涉，而是希望你提高自己工作的主动性，以一种主人翁的意识来对待工作！可见，工作需要自动自发的精神。只有自动自发工作的员工，才能获得真正的成功。

林飞大学毕业后，凭着优异的成绩和出众的能力，很快就被一家知名企业看上了。进入企业后，林飞并没有像大多数初入职场的年轻人那样谨小慎微，而是表现出了“初生牛犊不怕虎”的精神。

刚工作没几天，他去查资料的时候，发现资料室和办公室的距离太远了，这样非常浪费时间。于是，他突然想到一个好办法，那就是：把办公室的办公桌的位置重新调一下，使大家的办公桌更紧凑一点，就能够腾出更多空间，这样就可以在这个地方放上一个书架，所需要的资料就可以放到这里了。这样既节省了大家找资料的时间，还提高了工作效率。当林飞将这个建议告诉主管之后，主管也觉得非常合理，就采用了林飞的建议。

又过了一段时间，林飞发现公司运营中存在一个弊端。于是，经过一番资料收集和市场调研后，他给企业的老总发了一封邮件，他在邮件中写明了自己的调查报告，并尖锐地提出了企业中所存在的问题，同时针对性地提出了一系列非常系统、切实可行的建议。

企业老总看到这个邮件之后，被林飞的大胆和远见震惊了，当场夸他为“一个会思考并热爱公司”的人，并决定提升他为自己的助手。

什么是自动自发？自动自发就是在没有人要求、强迫你去做的情况下，自觉而且出色地做好自己的事情。一个员工只按照上司的吩咐去做事，以换取薪水，这是不行的，每一个人都必须以老板的心态去做事。如果有了这样的心态，在工作上一定会有种种新发现，其个人也会逐渐成长起来。

工作首先是一个态度问题，是一种发自肺腑的对工作的热爱。工作需要热情和行动，工作需要努力和勤奋，工作需要一种积极主动、自动自发的精神。只有以这样的态度对待工作，我们才可能获得工作所给予的更多奖赏。

王静是一名刚来北京不久的外地务工人员，她在一家餐馆找到了一个服务员的工作。在就业压力如此巨大的北京能够找到一份还算让她满意的工作让她十分珍惜，她在工作中非常主动，总是付出更大的努力。

这一天，北京突降大雪，交通不便，地面湿滑，路上行人走路都非常小心。这时餐厅突然响起了电话铃声，王静接起了电话，来电话的是北京银行的工作人员，他们是餐厅的老客户，今天他们打电话预订4份午餐，并说20分钟后来取。接到客户的需求，王静忽然想到外面还在下着大雪，而此时餐厅的顾客也不多，于是她便主动提议给顾客送餐，一来照顾老顾客，二来避免顾客在恶劣天气下往返。打电话的人员听到后非常感激，连声道谢。送餐回来后，王静几乎成了雪人，但她却一脸满足，她收获到了顾客额外的感谢。

这件事情悄悄地传到了餐厅经理的耳中，经理对于王静这种主动工作，愿做苦差事，全心全意为餐馆、为顾客着想的无私之心所感动，于是召集餐厅全体员工开了一次例会。

在例会上，经理对所有人说："对餐厅而言，积极主动不一定体现在很大很重要的事上，它体现在日常管理和工作的点点滴滴上，在别人忙时主动帮助其承担一份工作；当快下班时，离家近的主动承担起最后一笔外卖；当发现顾客有需要协助时，主动伸出援手。这都能够让我们在竞争如此激烈的餐饮市场上获得一席之地。"

员工们都为经理的慷慨陈词所动容，都接连地对经理说："您真的很有远见，我们都相信在您的领导下我们会越来越好。"然而此时经理却说："你们错了，这不是我的见解，而是王静的行为给我的启发。"在例会结束时经理正式任命王静为餐馆的值班经理，负责管理餐馆日常服务的相关

工作。

只有主动地工作，做得比领导要求的更多时，你才能够从人群中脱颖而出，吸引到领导的眼光，才能够在工作上获得更好的发展机会。如今社会，市场竞争日益激烈，而这种竞争同样也给职场带来了竞争。大部分的企业为了能在日趋严峻的市场形势下博得自己的一席之地都在寻找积极主动、能够把工作当成自己奋斗动力的员工。那些随时准备把握机会，主动寻找任务、主动完成任务、主动创造财富的人是每一个企业都希望得到的。

工作需要自动自发，需要积极主动。年轻人要想在现代职场中获得成功，就必须改变自己工作中不够主动、听吩咐才做事的被动性格，努力培育自己的自动自发精神。工作自动自发的员工，能够给企业带来意想不到的收益。闻名世界的美国钢铁大王卡内基说："有两种人注定一事无成，一种是除非别人要他去做，否则绝不会主动做事的人；另外一种人则是即使别人要他做，他也做不好事情的人。那些不需要别人催促，就会主动去做应该做的事，而且不会半途而废的人必定成功。"

人在职场，最可怕的不是缺少知识、缺少能力，而是缺乏积极主动的心态。一个不懂得积极主动的人，工作对他来说只是一个可以养家糊口的手段，甚至成了一种负担，在工作上是无法做到完美执行的。很多时候，只要我们主动一点儿，就会发现自己在工作上是大有可为的。

主动工作，自动自发不仅能够让你增长职责以外的知识和经验，也可以让老板看到你更多的能力和价值。实际上，能否主动承担一项不属于自己的工作，是企业衡量员工执行力的标准之一。职场上，主动找事做的人要比坐着等事做的人拥有更多的机会，也会更受欢迎。

4

全心全意，工作没有分内分外一说

一个年轻员工要想纵横职场、取得成功，除了尽心尽力做好本职工作以外，还要多做一些分外的工作。这样，可以让你时刻保持斗志，在工作中不断地锻炼自己、充实自己。同时，也会让你拥有更大的展示自己的舞台，把自己的才华适时地表现出来，引起老板的关注和重视。你是否会像下列员工一样：

“啊，终于下班了！”甚至在下班前的半个小时，就已经收拾好案头，只等铃声一响，就像出巢的燕子？

“老板，我的专职工作是搞设计的，您让我多干些别的，那可是分外的事啊！要么给我奖金，要么我不干！”

“加班，加班，怎么老有干不完的活儿？真是烦死了！”

“算了，不是我的事，我才不管呢！”

“千万别多揽事，工作，多一事不如少一事，干得多，错得多，何苦呢？”

如果你真的有这样的情形，那么，赶快改正吧！一个全心全意工作的员工是不会说这话的，在他们眼中，工作不分分内分外。他们懂

得一个道理：分内的工作是自己应该完成也是必须完成的，而分外的工作是自己在时间允许且完成了本职工作的前提下，能尽量去多完成的事。这些人才是拥有大智慧的人，他们总能够获得好的职位和新的升职机会。

张杰刚开始进杜先生的公司的时候，杜先生只是让他做一些很基础的工作，但是现在，张杰不仅是杜先生的得力助手，还是杜先生手下的一家汽车营销公司的总裁。他之所以能够在很短的时间升到这么高的职位，是因为他提供了远远高出他所得报酬的更好的服务，因此得到了杜先生的青睐。当他刚去杜先生的公司上班的时候，他很快地注意到，当所有人都下班回家时，杜先生仍旧在公司工作到很晚才回家。因此，他每天在下班后也继续待在公司里看资料。没有人要求他留下来，但是张杰认为自己应该留下来，他认为这样可以随时为杜先生提供服务。

从那以后，杜先生在需要人帮忙的时候，总是发现张杰就在身边，于是他养成了随时招呼张杰的习惯。正是因为张杰总是主动地留在办公室，所以使得杜先生可以随时随地找到他，让他帮忙。张杰从而获得了很多的机会，赢得了老板的青睐。

做点分外工作，是职业精神的体现，也是个人气度的体现。一些看起来不起眼的小事，也能反映出个人的工作细致程度、工作态度等。在公司里，做好自己的本职工作，是成功的基石。然而做好本职工作的同时做点分外事，更能赢得老板的青睐。

在公司里，许多人都认为做好“分内事”就够了，岂不知这种思想是非常错误的！社会在发展，公司在成长，个人的职责范围也随之扩大。不要总是以“这不是我分内的工作”为由来逃避责任，当额外的工作分配到你头上时，不妨视之为一种机遇。只有你愿意多做事，别人才会给你更多的机会，你也才能学到更多的东西。

在西班牙举办的一次国际产品展示会，吸引了来自世界各地的很多企业参加，也有不少来自中国的企业。有一家从中国来参会的公司，参展人员由该企业的市场部经理带领。在开展之前，每家参会公司都有很多的准备工作要做，比如展位的设计与布置、资料的整理与分装、产品的组装等。要完成好这些准备工作，就必须依靠大家加班加点地去做才行。没想到，市场部经理带去的这帮安装工人，绝大多数人还跟在国内时一样，不肯多干一分钟活，下班时间一到，便纷纷溜回宾馆去了。市场部经理见准备工作还差得很远，便要求他们来把活干完了再走。没想到他们竟然说：“一分钱加班费都没有，凭什么让我们干啊，我们有那么傻吗？”更有甚者还说：“经理，你也只是一名打工仔而已，不过就是职位比我们高一点点，别犯傻了，何必为老板那么卖命呢？剩下的活，明天再干吧，来得及。”为了把准备工作及早做好，市场部经理只好和一名主动留下来的安装工人一起，加班加点地在展厅里干活。

在开展的前一天晚上，老板亲自来到展场检查展场的准备情况，此时已是凌晨一点。令老板感动的是，市场部经理和一个安装工人小李还在那里辛苦地忙活着，细心地擦着装修时粘在地板上的涂料。然而令老板吃惊的则是，其他人一个也没在。一见到老板，市场部经理就赶忙站起来说：“董事长，您处罚我吧！我失职了，没能让所有的人都来加班工作。”没想到，老板一点也没有责怪他的意思，而是轻轻地拍了拍他的肩膀，让他放宽心。接着，他指着那个安装工人小李问市场部经理：“他是在你的要求下才愿意留下来加班的吗？”市场部经理连忙回答：“不是，他是自己主动要求留下来加班的，而且，在他留下来时，其他工人还一个劲儿地嘲笑他是傻瓜，说他没必要那么卖命，老板也不在，就算累死了老板也看不到，还不如回宾馆美美地睡上一觉。”听了市场部经理的叙述后，老板当时并没有做任何表示，只是招呼他的秘书和其他几名随行人员也加入到展位的准备工作中去。

参展结束后，一回到公司，老板就开除了那天晚上没有参加劳动的所有人员，同时，将主动加班的小李提拔为部门的主管。被开除了的那帮人非常不服气，找到了人事部经理理论：“我们不就是多睡了几个小时的觉吗，凭什么炒我们鱿鱼？而小李不过是多干了几个小时的活，凭什么当主管？”人事部经理对他们说：“其实，市场部经理当时只是让你们一起加加班，提前把参展的准备工作做好，而你们呢，一听到要加班，就满腹牢骚、抱怨不已。用自己的前途去换取几个小时的懒觉，这是你们的选择，那结果怨不得谁。小李虽然只是多干了几个小时的活，但据我们考察，他为人积极负责，平日里默默地奉献了许多，比你们多干了不知多少活，提拔他，是对他过去积极奉献的奖赏和回报！”

在职场中，很多年轻人把“分内事”和“分外事”分得很清楚，只要觉得一项工作不是自己的“分内事”就躲得远远的，就算自己闲着，也不愿意多搭把手，这些人往往得不到公司和领导的重视。有些工作也许真的不是你的分内工作，可是这些难题的存在却阻碍着企业的前进，这种情况下，你无疑需要主动帮助解决这些难题，而不能坐视不理。当我们在单位接受一项自己“分外”的工作时，不要有丝毫的抱怨，主动去做、乐意去做，多做一些、多学一些，这样就能对公司的整体运营有一个很好的了解。这样，终有一天，我们也能成为老板心中最有价值的员工。

因此，对那些有志于在职场中有所建树的年轻人来说，不妨考虑多去承担一些“分外事”。社会在发展，公司在成长，面对“分外”的工作时，不妨伸出手，并将这作为对自己的一个挑战、一个机遇和一个锻炼的机会。

5

严格自律，克服内心的怠慢

很多年轻员工往往存在这样的心态：工作上拈轻怕重，报酬上斤斤计较，态度上消极被动，得过且过，不负责任，甚至偷奸耍滑，遇到难事躲着走，能少干就少干；对自己的利益极度关心，对企业、对组织的利益漠不关心……这种怠慢心态在社会上普遍存在。拥有怠慢心态的人工作经常是锱铢必较的，他们能少干一分，绝不多干一分。“给多少钱，就干多少事”是这类人的共同心态。他们自以为很聪明，马马虎虎应付完每一天的工作，常常暗自窃喜。殊不知，怠慢工作，就是在怠慢自己。

王娜娜和高美美是同班同学，两个人大学毕业后，恰逢经济危机，工作十分难找，于是她们便降低了要求，到同一家工厂应聘。恰好，这家工厂缺少两个打杂的职员，问她们愿不愿意干。王娜娜思索了一会儿，便下定决心干这份工作，因为她不愿意依靠领取救济金生活。尽管高美美根本看不起这份工作，但她迫于生计愿意留下来陪王娜娜一起干一阵子。因此，高美美上班时懒懒散散，每天打扫卫生敷衍了事。一次，两次，三次，老板认为她刚从学校毕业，缺乏锻炼，再加上恰逢经济动荡，也同情这个大学生的境遇，便原谅了她。然而，高美美内心深处对这份工作抱着很强的抵触情绪，每天都在应付自己的工作。结果，高美美刚干满三个月，便被老板辞退了，又回到社会上，重新开始找工作。当时，社会上到处都在裁员，哪儿又有适合她的工作呢？她不得不依靠社会救济金生活。

相反，王娜娜在工作中，抛弃了自己大学生的身份，完全把自己当做一名打扫卫生的清洁工，每天把办公室走廊、车间、场地都打扫得干干净净。半年后，老板便安排她给一些高级技工当学徒。因为工作积极，认真勤快，一年后，她便成为老板的助理。高美美此时才刚刚找到一份工作，是一家工厂的学徒。但是，她认为自己拥有高等学历，应该属于白领阶层。

结果，在工作岗位上仍然把活干得一塌糊涂，终于在某一天她又重新去寻找工作。

不怠慢工作，最大的受益者是自己；怠慢工作，最大的受害者也必定是自己。因此，作为一名员工，我们要严格自律。自律是什么？自律就是自我约束、自我管理、自我反省。自律能让我们克服惰性，抵制诱惑，战胜自己。自律是一种克制，是一种反省，更是一种风度，一种超越。

懂得自律的人，对自己应该做的事情一定保质保量地完成。不要以为自己不做会有人来做；也不要侥幸自己丁点儿不负责不会有人发现，或对企业不会有什么影响；也不要只注重数量而不在意质量，潦潦草草地完成任务。职场中，许多人失败的最大祸根就是养成了敷衍了事的习惯，而成功的最好方法就是严格自律，把任何事情都尽心尽力做好，不懈怠，不敷衍。

“什么样的心态造就什么样的人生”，同样，我们以什么样的心态来对待工作，企业就会以什么样的态度对待我们。疏忽、畏难、敷衍、偷懒、轻率，在公司中我们经常听到老板这样批评员工。在一些公司中，由于员工对工作自律的认识不足，成为制约企业发展的最大问题。他们做事总是不用心，对工作能敷衍就敷衍、能应付就应付、能逃避就逃避，员工怀着这样的态度工作，公司效益可想而知。

有这样一个故事，讲的是美国空军在向供应商订购降落伞时，供应商只能保证降落伞合格率达到99.9%，这意味着1000名空降兵中就要有一名可能因为降落伞无法打开而遇到危险。虽然空军一再要求合格率要达到100%，但是供应商强调按照制作标准，合格率最高只能达到99.9%。后来美国空军在与供应商的谈判过程中提出，可以接受降落伞合格率只有99.9%这一标准，但要求在每次供货验收时，供应商必须随机挑选一个降落伞从飞机上跳下去做实验。这一要求提出后，供应商立即采取措施，把降落伞的合格率提高到了100%。

这个故事告诉我们，没有对完美的追求，就不会有完美的结果。很多时候，“差不多”就是差很多。工作中“差不多”的怠慢现象可以说是无处不在，无时不有：打包不方正，差不多就行了；检验疵点没标识，差不多就行了；管理人员检查考核不认真，差不多就行了；不肯算细账，质量差点、成本高点、价格低点、利润少点，差不多就行了；遇事不肯一丝不苟，不求过得硬，只求过得去，对人对己差不多就行了。其结果是工作马马虎虎，敷衍了事，产品送到客户手上，不是退货，就是索赔，使工厂失去客户，丢掉市场。

因此，在工作中要严格要求自己，是迈向更高起点的保证。获得成功的方法只有一个，就是以高标准来要求自己。只有以高标准来要求自己，才能锻造一个人的品格，充分地发展他的特性。所以，在职场上要严格自律，做好每一项工作。不论多么细小的事情，也应该要求自己全力以赴，务求做得最好，这样的话，你的生活就会逐步变得开阔和充实，你的价值也将逐步提升。

6

尽职尽责，每天多做一点点

成功靠什么？从某种意义上讲，就是靠我们每天比他人“多做一点点”。古人云：业精于勤，荒于嬉。这里所说的“勤”，也就是比别人多做一点点，即付出更多的劳动和努力。不要小看这“一点点”，正所谓聚沙成塔，集腋成裘。如果我们确确实实地做到每天比别人多做一点点，那么，日积月累，我们就能比别人取得更大的成就，拥有更多的收获。

你的工作是什么不重要，重要的是你是否做到了尽职尽责。作为年轻员工，要记住每天多做一点点，这不应是语言上的表白，更应具体落在行动上。如果每天都能坚持这样，那么你就会得到连自己都意想不到的进步。当你心怀责任感，每天多做一点点，你已经比你周围的人具有更多的优势，这不但能显示你勤奋的美德，还能发挥你的工作技巧与能力，你的同事和客户都会乐于与你合作，这会使你具有更强大的工作能力。我们只有每天在工作中比别人做得多一点，才能够真正实现自我蜕变，从众人中脱颖而出。对于每一个职场人来说，只有给企业创造更大的价值，我们才能够更受到重视，才能够有机会走上更高的职业阶梯，至少也更容易在企业中稳固扎根。

因此，“每天多做一点点”是走向成功的必经之路。每天多做一点点，意味着什么呢？意味着改变自己，只要你每天多做一点点，每一天都是一个阶梯，都是新的一步。在日积月累中，作为普通员工的你也会登上成功的阶梯，摘取成功的果实。

薛晓晓是一名普通的大专生，学的是文秘专业。毕业那年，她在北京一家教育机构实习。刚去的时候，她暗下决心要好好工作，但作为新人，她每天除了一些简单工作没有什么别的任务。于是她大胆向领导要求一些新的任务。领导随手扔给她一个课题调研报告，说：“两个月内完成就行了，到时给你个实习鉴定。”

接到新任务后，薛晓晓查资料、跑调研，几乎天天思考怎样能做得更好，在这样的工作状态下仅仅三周时间就完成了任务。当薛晓晓拿着调研报告给领导时，领导吓了一跳，对她刮目相看，随后又给她安排了几个任务，她都提前完成了，而且还做得十分到位。

实习结束后，领导没多说什么，但不久，这个教育机构就去学校和她签了工作合同。教育机构的上级部门很奇怪：“我这儿有好几个研究生，你都不要，却要一个普通的大专生，不是开玩笑吧！”

“一个真正有用的人才，在于她拥有高度的责任感，能够创造出自己的价值。薛晓晓是一个值得被委以重任的人，什么工作在她的手上都能很好地完成。”她的领导这样说。

在工作和生活中，常常会出现这样的现象：两个人一起到同一家公司工作，同样的起点，但是，几年之后两人之间却产生了巨大的差距。

一个人成为公司里的骨干，成为老板眼中的红人，老板对其不断委以重任；而另一个人却一直在原地踏步，工作上碌碌无为，总是不见起色。其实除了少数天才之外，大多数人的禀赋都相差无几。那么，是什么原因造成了两个人如此大的差距呢？就是工作态度和努力程度！

一个企业管理者说："如果你能真正钉好一枚纽扣，这应该比你缝制出一件粗制的衣服更有价值。"一件事情做得好与坏，就看做这件事的人在怎样做，是怀着什么心情在做，是不是用心在做，是不是以高度的责任感在做。

每个企业都可能存在这样的员工：他们每天按时打卡，准时出现在办公室，却没有及时完成工作；每天早出晚归、忙忙碌碌，却不愿尽职尽责。对他们来说，工作只是一种应付：上班要应付、加班要应付、上司分派的工作要应付，这些人在应付中生活，与应付相伴，做一天和尚撞一天钟，从不去认真负责地做事。工作不认真、不主动，应付了事，什么事都不追求最好的结果，事情虽然做了，却没有什么实际效果。从某种意义上说，这种应付工作的态度会毁掉自己的青春。

一个成功的推销员曾用一句话总结他的经验："你要想比别人优秀，就必须坚持每天比别人多访问5个客户。""坚持比别人多做一点点"——这是无数成功者的秘诀。对一名年轻员工来说，"每天多做一点点"的工作态度能使你从竞争中脱颖而出。你的老板、委托人和顾客会关注你、信赖你，从而给你更多的机会；每天多做一点点，将会有意想不到的回报。如果你是一名发货员，也许会在发货单上发现一个与自己毫无关系的错误；如果你是一名邮递员，也许会在公司的信函上发现一个印刷错误；如果你是一名打字员，也许可以做一些自己职责以外的事情……这些事情也许不是你职责范围内的，但是你如果多做了一点点，就会离成功更近一些。

第五章

逆风更适合飞翔，
飞扬的心不会惧怕逆境和困难

成功的秘诀就是即便身处逆境也不改变自己的目标。人生在世，无论做什么，都不可能一帆风顺，年轻人初出茅庐，更容易遇到各种各样的阻碍。在这些障碍面前，每一个年轻人都要成为一名勇士，要敢于同困难斗争，只要认定了自己的目标，就应该锲而不舍、坚强地走下去。风雨之后，你一定能看到阳光！

1

你战胜了挫折，挫折就是你的财富

人生在世，做任何事都可能会有挫折，挫折并不可怕，可怕的是你没有认识到挫折本身所蕴含的契机。就像人生长路上大大小小的“石头”，面对这些挫折，如果躲避而不去解决，或许会换来暂时的顺利，却离自己最初订立的目标越来越远了。如果能沉住气，不断积蓄能力，将挫折一个一个战胜，就会离目标越来越近。鲁迅先生说：“真正的勇士，敢于直面惨淡的人生。”当挫折让你的人生变得惨淡，像个勇士一样去面对吧，永不退缩、永不妥协，才能将绊脚石变成助自己展翅高飞的台阶。

一家大公司要招聘职员，经过一段时间严格的面试、笔试，公司从300多名应聘者中选出了10名佼佼者。发榜这天，一个青年见榜上没有自己的名字，悲恸欲绝，回到家中便要悬梁自尽，幸好被亲人及时发现，他才没有死成。正当青年悲伤之时，从公司却传来好消息：他的成绩本是名列前茅，只是由于计算机的错误，才导致了落选。

正当青年一家人大喜过望之时，却又从公司传来消息：他被公司除了名。原因很简单，公司的老板认为，如此小的挫折都经受不了，这样的人肯定在公司里干不成什么大事。

挫折是人生的必修课，所以年轻人应该正视挫折。年轻人不仅不应该害怕挫折，反而应该感谢挫折，你想想看，是不是挫折使你懂得生命的内涵?

挫折是福，顺境中人们看到的是鲜花和笑脸，然而，习惯于被得意蒙蔽的心灵往往承受不起打击的负荷，只有直面挫折，尝遍人间酸甜苦辣，感受世态冷暖炎凉，才能有更多一层对生活的领悟，更了解人生的真谛。塞翁失马，焉知非福！碰到挫折不要畏惧，不要烦躁，从某方面说，挫折对我们而言是一件历练意志的好事，唯有挫折与困境才能使一个人变得坚强。

每一个挫折都隐藏着一颗成功的种子。挫折可以锻炼年轻人克服困难的种种能力，是一所人生的好学校。在这所学校里，你将学会怎样做人，怎样思考，怎样选择，这一切都决定你一生的命运。

李先生在一家广告公司担任行销部主管。由于近年来广告市场竞争激烈，他感到压力很大。没想到公司高层又因经营决策方面发生失误而引起变动，领导班子大调整，新任总裁为了改变公司的被动局面，在人事方面也进行了变动，李先生的主管职位被撤销，薪水也跟着降了一大截。从此，他常以“半个废人”形容自己，工作没了丝毫热情。

由于他曾带家人到乡间度假，因此对那种与世无争的田园生活格外羡慕——尤其是当他被撤职以后，对那桃花源式的农村更加怀念。当他实在承受不了挫折的打击后，终于有一天，他放弃了眼前那份工作，跑到乡下买下一块人迹罕至的花圃，准备闲居乡间，种花为乐，远离令人伤心的烦恼。

结果呢？刚开始几个月，他还做得有模有样。但是好景不长，才经历了第一个寒冬后，他就发觉，这里真不是自己能够久住的地方：荒凉的景象，犹如到了西伯利亚；他的妻子也根本不可能和这里的乡下人打成一片，小孩每天也得换好几趟车才能到学校。

他知道打错算盘了，只是没料到结局会这么惨。搞事业确实很累，不过到这里躲轻闲也轻松不到哪里去，搞不好还更累。

苦撑了一年之后，他乖乖地搬回城里。他自称“老了10岁”，躲避不但没使自己从挫折的阴影里逃出来，而且还增添了新的烦恼。

在人生的旅途中，路不可能总是平坦的，有成功的欢乐，也有失败的考验。当面对困难和挫折时，千万不要胆怯，千万不能退缩，一定要勇敢地面对它们，想办法战胜它们，这样你就战胜了自己。

艰难困苦和人世沧桑是最为严厉而又最为崇高的老师。不经历挫折，成功也只能是暂时的表象，只有历经挫折的磨难，成功才能像纯金一样发出光来。挫折并不可怕，可怕的是不知道总结挫折的教训。暂时的挫折不应该是消沉的原因，而应该是继续奋斗的起点。逃避挫折是解决不了问题的，最好的办法就是与挫折相处，不怕挫折，勇于面对它、接受它，并从挫折中吸取人生的经验和营养，从而使自己在不断经历和克服挫折的过程中逐渐成长、壮大，直至走向成功。

约翰·坦普登进入耶鲁大学后不久，他的父母由于生活拮据而无法再继续供他念书，迫使他陷入不知该休学就业还是该半工半读的窘状。要做这个决定非常困难，但因为约翰有自己的梦想，因此他很快决定：无论如何都要坚持到毕业。最后他也做到了。他不但每学期都取得了优异的成绩，还利用奖学金及一份兼职工作解决了学费与伙食费的问题。三年后，除获得经济学学士的学位外，他同时还获得著名的路德奖学金，并取得全国优等生俱乐部耶鲁分会会长的头衔，以极其优异的成绩毕业。以后的两年，他前往英国牛津大学攻读硕士。这一系列的进取对于他将来从事财务经营有很大的影响。

约翰回到美国后，前往纽约一家颇具规模的证券公司，他在公司里的职务是投资咨询部办事员。他努力工作并等待机会。最后，机会终于被他等到了，一名资深职员即将退休，这个人拥有八个相当有实力的客户，欲以5000美元出让。这对约翰来说是相当大的赌注：5000美元相当于他的全部财产，若此举失败，他将会变得一贫如洗，而且，这些客户接下来之后，能不能留住还是问题。这时约翰的雄心战胜一切，他接下了这八名客户，并且立即一一前往拜访，十分坦率而且诚挚地向他们说明自己的理想与计划，客户们皆被他的热情与直率所感动，都表示愿意留下观察一段时间。当时，约翰才28岁。

两年的时间很快就过去了，约翰几乎每天都在为员工薪金及管理费用忙得焦头烂额，有时候，他连自己的薪金都拿不出来。两年期间，公司便是在这种拮据的情形下惨淡经营着，虽然如此，公司要求的服务品质并无降低，反而愈来愈高。熬到第三年，终于苦尽甘来，公司业务开始蒸蒸日上，客户也有显著增加，约翰的梦想终于实现。

今天，他已经是一家投资咨询公司的总裁，拥有将近一亿美元的资产，并兼任某大型互助银行的常务董事及数家公司董事。

挫折和成功就好像钟摆的两端，谁也离不开谁。年轻人对挫折的体验，能培养自己从容应付风险的能力，一旦发现自己能在风险中挺过来，对失败的恐惧就更少了。不经历风雨怎能见彩虹？没有失败的人生绝不是完美的人生，当你战胜失败时，你会对成功有更深的感悟，就是在这样一次次的感悟中，你将走出一个完美的人生。

因此，在走向成功的道路上，你要付出汗水，还要勇敢地面对挫折与失败。从挫折中吸取教训，是迈向成功的踏脚石。当我们观察成功人士时，会发现他们的背景虽各不相同，但却有一个共同点，那就是他们都经历过艰难困苦的阶段。所以对待挫折一定要坚强，当你战胜了挫折后，挫折就是你的财富；当你败给了挫折后，挫折就是你的软肋。由此观之，年轻人战胜挫折非常重要。

2

永不言弃，逆境就害怕意志强大的人

逆境就是不顺利的境遇。逆境是一部深奥丰富的人生教科书，它吞噬意志薄弱的失败者，而常常造就毅力超群的成功者。逆境能培养年轻人难能可贵的意志力量，长期的逆境生活可以锤炼年轻人的精神品质，培育出耐心、恒心、韧性和悟性。在人生的搏击中，年轻人的毅力往往比智力更宝贵。勇于在逆境中奋斗更能激发出青春的斗志。

霍金是著名的物理学家。这位科学大师，虽然备受疾病的折磨，已在轮椅上生活了三十多年，但他的脸上永远挂着宁静的笑容。在一次学术报告结束之际，一位年轻的女记者用既敬仰又不无悲悯的语气向这位科学巨匠提出了这样一个问题："霍金先生，卢伽雷病已将你永远固定在轮椅上了，你不认为命运让你失去了太多东西吗?"

霍金面带恬静的微笑，他用还能活动的手指，艰难地叩击键盘，于是，宽大的投影屏上缓慢而醒目地显示出如下一段文字："我的手指还能活动，我的大脑还能思维；我有终生追求的理想，有我爱和爱我的亲人和朋友；对了，我还有一颗感恩的心……”

顿时鸦雀无声的会场掌声雷动，人们纷纷拥向台前，簇拥着这位非凡的科学家，向他表示由衷的敬意。人们推崇他，不单是因为他是智慧的化身，更因为他还是一位人生的斗士。

霍金在巨大的痛苦与不幸中，仍以恬静开朗的微笑示人，使人们感受到了一种坚强的力量，这正是支撑起一个科学巨匠心灵的基石。只要具备了这种人生态度，任何痛苦与不幸都能被改造成通向成功的阶梯。

成功者明白逆境可以锻炼一个人的品格，可以激发一个人向上发展的勇气和潜力。在逆境中，人们被逼得退无可退、无路可走时，往往会在最后的时刻想出办法来自救，无意之中反而促成了人生的辉煌。所以，我们应该感谢逆境，感谢成功路上的考验。逆境是上帝赐予年轻人的一件礼物，它给予我们力量和勇气。不可否认，不同的人面对逆境的选择是不同的，懦弱的人面对困难时畏畏缩缩，坚强的人面对困难时勇往直前。这就是成功者和失败者的区别：逃避困难终究一事无成，迎难而上最终获得辉煌的人生。所以，人不应该抱怨逆境，而应直面逆境，战胜逆境。

吉米是美国一家人寿保险公司的保险员，他花 65 美元买了一辆脚踏车到处拉保险。不幸的是，成绩始终是一片空白。可是，吉米毫不气馁，晚上即使再疲倦，也要一一写信给白天访问过的客户，感谢他们接受自己的访问，力请他们加入投保的行列，每一字每一句都写得诚恳感人。

可是，任凭他再努力、再劳累，也没有任何效果。两个月过去了，他连一个顾客也没有拉到，上司催他也是愈来愈紧。劳累一天回来，他常常连饭也没心情吃，虽然娇妻温顺体贴，但一想到明天，他就全身直冒冷汗。

他在日记中写道：“从前，我以为一个人只要认真、努力地工作，就能做好任何事情。但是这一次，我错了。因为事实显然并不如此！我辛辛苦苦地跑了 68 天，然而，却连一个客户也没有拉成。唉！保险工作，对我很不合适，不如换个地方找工作吧……”

妻子劝告他说：“坚持下去，就有盼头。”吉米听从了妻子的劝告。

吉米曾想说服一个小学校长，让他的学生全部投保。然而校长对此毫无兴趣，一次一次地拒吉米于门外。当他第 69 次到校长这里来的时候，校长终于为他的诚心所感动，同意全校学生投保。他成功了！坚持不懈的精神，使他后来成了著名的保险推销员。

一个推销员，如果在推销失败，遭人拒绝、嘲笑时就畏惧、退缩甚至放弃，那成功怎么会找上门来呢？有了第一次放弃，就会习惯于知难而退，可是如果克服过去，人生就会习惯于迎风破浪地前进。只有具有绝不放弃的心态，才有成功的那一天。我们应该抱有这样的观念：成功就在下一次。在工作中，有些人之所以没能成功，并非他们没有努力，而是他们在遇到困难之后，在即将成功的前夕放弃了努力。

无论在工作还是生活中，一个人难免会碰到这样那样的问题、困难、挫折、失败和打击。面对这些，你可以烦恼，可以伤心，可以悔恨，但重要的是不能放弃，不能丧失面对它的勇气，坚强地面对它并战胜它！

遇到困难，多想办法，不抛弃、不放弃，敢于坚持才能走向成功，逆境就害怕意志强大的人。上帝是公平的，他给了每个人一把打开成功大门的钥匙就是“坚持”，无论你是谁，只要你抓住了“坚持”这把钥匙，成功的曙光就会毫不吝啬地照向你。但一旦放弃了它，胜利女神就算是近在咫尺，也会悄然离开。

3

学会忍耐，在人生的低谷中积蓄能量

忍耐是一种人生的谋略，不是消极沉默，而是蓄势待发。忍耐是意志的磨炼、爆发力的积蓄，学会忍耐是年轻人智慧的选择。人生不会一帆风顺的，很多时候我们要学会忍耐，因为忍耐会带给我们力量，忍耐会带给我们机会，当我们收回拳头的时候，不是因为我们放弃了搏击，而是我们在积蓄力量，因为只有收回的拳头打出去才能更有力。

赵勇是某公司的人事经理，从公司创业时就被老板招到麾下，几年来，公司越做越大，自己的薪资也是成倍往上翻。因此，赵勇对当前的状况是比较满意的。然而，由于一件小事，赵勇的生活发生了巨变。

前几天，一名业务员没有完成销售任务，于是赵勇就把他辞掉了。赵勇想，他不过是公司的一个小职员。哪知道老板竟然不同意这种做法，还在会议上狠狠批评，说他没有什么正当理由去解雇员工，这会让其他员工产生对公司管理层的误解。

赵勇忍不住站起来辩解。老板见他当众反驳自己，觉得失了面子，坚持自己的意见。赵勇急躁之下，越想越气，在气头上的他不止感觉很失落，甚至觉得连起码的信任和权力都没有，在这里干下去还有什么意思？于是，他向老板递交了辞呈，也由此失去了大好的前途。

忍耐反映出来的是人的修养。一个有修养的人，必定具备忍耐的意志和品质。忍耐是一种境界，心胸狭窄的人做不到，于是就有了周瑜发出“既生瑜，何生亮”后，吐血身亡的悲情故事；性格粗暴的人做不到，三句话不到，轻则粗言秽语，重则拳脚相加，伤了别人，也害了自己；利欲熏心的人做不到，整天羡慕他人的一掷千金，崇拜他人的位高权重，经不起诱惑，铤而走险，最后赔掉了自由甚至生命。

“忍耐”是众多有志之士的人生哲学。古语云，男子汉大丈夫，能伸能屈，能刚能柔，识时务者为俊杰。一个人如果千苦可吃，万难可赴，能忍住岁月的考验，那么即使没有成功，也会成为自己的英雄。

有这样一个故事：一位留学归来的计算机博士，毕业后找工作，结果接连碰壁。一个才华横溢的海归却受到如此冷遇，实在出乎他的预料。然而，这位博士忍受了命运如此的安排，他做出了一项决定，那就是收起了所有的学位证明，决定从最基层的工作做起。

不久，他被一家电脑公司录用，做一名最基层的程序录入员。这样一份基层的工作，这位博士却干得兢兢业业，一丝不苟。没过多久，上司就发现了他的出众才华，因为他居然能看出程序中的错误，这绝非一般录入人员所能比的。这时他亮出了自己的学士证明，老板于是给他调换了一个与本科毕业生相当的工作。

对于这样一个能够忍耐、守柔不争而又兢兢业业的人，老板自然非常看重。渐渐地，老板发现他在新岗位上游刃有余，还能提出很多有价值的建议，比一般大学生高明。于是老板再次与他谈话，这时他才亮出自己的硕士身份，老板又提升了他。

老板深深地被他的低调感动，同时又感觉到他绝非寻常之辈，更加关注他，并发现他对专业知识的广度与深度都非常人可及，就再次找他谈话。这时他才拿出博士学位证明，并叙述了自己这样做的原因。此时老板才恍然大悟，并毫不犹豫地重用了他。

如果这位博士生总是拿着自己的学历证书去争取，那么他可能永远也争取不来这样的结果。在一个强手如林的世界里，忍耐是一种韧性的战斗，是一种坚强的做人策略，是战胜人生危难和险恶的有力武器。纵观历史，能成非常之事的人都懂得忍耐的意义。忍耐的精神与态度，是许多人获得成功的关键。

忍耐有时候被认为是软弱的行为，但是如果从长远来看的话，忍耐确实是非常务实、通权达变的智慧。聪明的人都会在适当的时候忍耐，因为人要生存下去，靠的是理性的思考，而不是意气用事。

忍耐意味着还有希望，哪怕是那么一点点，也许以后的某个时间，这一点点的希望之火就会形成燎原之势。试想，如果当年韩信不忍受胯

下之辱怎能有封侯拜相的风光？当陷入低谷时，请记得一定要保持沉默，忍耐、忍耐、再忍耐，默默地接受一切，积累实力，一点点奋发图强，让时间来证明和考验谁才是最后的大赢家。世界上没有任何东西能够代替忍耐，失败与成功最大的差异就是忍耐。因为忍耐到最后的，不一定是最优秀的，但一定是最坚强的，胜利的大门始终为这样的人打开。

4

坚持到底，成功贵在有一颗坚持的心

坚持才能胜利，这是个并不神秘的成功秘诀。一个人具备了坚强的意志、耐心和恒心就成功了一半。生活中，失败总是难免的，有的失败是力有不逮，有些失败是阴错阳差，有些失败却是因为放弃。所以，万事贵在坚持。

河蚌忍受了沙粒的磨砺，坚持不懈，终于孕育出绝美的珍珠；铁剑忍受了烈火的赤炼，坚持不懈，终于炼就锋利的宝剑。一切豪言与壮语皆是虚幻，唯有坚持才是踏向成功的基石。

我们在追求成功的路上，很多时候会遇到困难和挫折，这些困难和挫折可能会让我们看不到成功的希望。这个时候我们会产生一种错觉：成功再也无法到来。于是，我们轻言放弃，与此同时，我们也失去了获得成功的最好机会。像这样的放弃，在我们的生活中有多少？静下心来好好想一想我们就能明白，我们一次次放弃的，其实是一次次成功的机会。

美国著名电台广播员莎莉·拉菲尔就是一个不怕挫折的人。在莎莉30年的职业生涯中，她曾被辞退过18次。18次，听起来有点儿像开玩笑，但事实就是如此。最初，美国大部分的无线电台并不愿意雇用她，因为在当时，女性播音员并不吸引听众。

经过多次求职，她终于在纽约一家电台找到了一份工作，但没过多久，用人单位就以她跟不上时代为由将其辞退。莎莉没有因此而灰心丧气，在总结了失败的经验教训后，她写信给国家广播公司电台，向其推销她的节目构想。

电台考虑很久后最终答应让她来上班，但要她先在政治台主持节目。虽然对政治知识所知不多，但富有冒险精神的她还是决定一试。

工作几年后，她对广播工作早已轻车熟路。于是在一次国庆节来临前，她利用自己的人际关系以及平易近人的处世作风，策划了一场别开生面的广播交流会，真诚地邀请听众打电话来畅谈他们的感受。

众多听众对这个节目产生了浓厚兴趣，并积极参加。活动过后，莎莉一举成名。如今，莎莉·拉菲尔已经成为自办电视节目的主持人，曾两度获得重要的主持人奖项，她说："我被人辞退18次，许多人以为我会被这些厄运吓退，做不成我想做的事情。结果相反，我让它们鞭策我勇往直前。"

有位成功人士说：“百分之九十的失败者其实不是被打败，而是自己放弃了成功的希望。”世上的任何成果，都可以说是后人接着前人走过的道路后产生的。无论做什么，剩下的最后一步就是考验毅力的一步，只要咬紧牙关，再多一点努力，再多一点坚持，就能成功。

歌德说得好：“希望绝不会离开，即使在坟墓之旁。”在追求成功的路上，坚守希望也是我们需要做到的！我们要如同鹰一般，虽然飞上天空需要经过很多的摔打和搏击，但只要不轻言放弃，就一定能够成功地翱翔在天地之间。正如张雨生歌中唱的那样：“面对着充满希望的人生，努力永远不会太迟。”不管我们遭受了怎样的困难，只要不轻言放弃，埋头努力，就终会有成功的那一天。

克尔曾经是一家报社的职员，他刚到报社当广告业务员时，对自己充满了信心。他甚至向经理提出不要薪水，只按广告费抽取佣金的请求。经理答应了他。

开始工作，他列出一份名单，准备去拜访一些特别而重要的客户，公司其他业务员都认为想要争取这些客户简直是天方夜谭。在拜访这些客户前，克尔把自己关在屋里，站在镜子前，把名单上的客户念了10遍，然后对自己说：“在本月之前，你们将向我购买广告版面。”

之后，他怀着坚定的信心去拜访客户。第一天，他以自己的努力和智慧与20个“不可能的”客户中的3个谈成了交易；在第一周其余几天，他又成交了两笔交易；到第一个月的月底，20个客户只有一个还不买他的广告版面。

尽管取得了别人意想不到的成绩，但克尔依然锲而不舍，坚持要把最后一个客户也争取过来。第二个月，克尔没有去挖掘新客户，每天早晨，那个拒绝买他广告版面的客户的商店一开门，他就进去劝说这个商人做广告。然而每天早晨，这位商人都回答说："不！"每一次克尔都假装没听到，然后继续前去拜访。到那个月的最后一天，对克尔已经连着说了30天"不"的商人口气缓和了些："你已经浪费了一个月的时间来请我买你的广告版面了，我现在想知道的是，你为何要坚持这样做？"

克尔说："我并没浪费时间，我在上学，而你就是我的老师，我一直在训练自己在逆境中的坚持精神。"那位商人点点头说："我也要向你承认，我也等于在上学，而你就是我的老师。你已经教会了我'坚持到底'这一课，对我来说，这比金钱更有价值。为了向你表示我的感激，我要买你的一个广告版面，当做我付给你的学费。"

克尔完全凭着自己在挫折中的坚持精神达到了目标。在生活和事业中，我们往往因为缺少这种精神而和成功失之交臂。所以，无论什么时候，我们绝不能轻言放弃。

在走向成功的路上每个人都会遇到困难，都会有不如意的时候，也都会有灰心丧气的时候。情况虽然恶劣，但是我们千万不能做出消极的决定，也千万不要在情绪低落时做出最重要的决定。我们要咬紧牙关坚持下去，相信暴风雨一定会过去，晴天终会来临，成功必定会属于我们。

5

不屈不挠，战胜逆境中的磨炼与困难

英国作曲家韦伯说：“有许多人一生的伟大，都自他们的逆境中来。”精良的斧子，再锋利也是从炉火的锻炼和磨削中得来的。逆境不是我们的仇敌，而是恩人，逆境可以锻炼我们“战胜阻碍”的种种能力。森林中的大树，要不是曾同暴风雨搏斗过千百回，树干就不会长得十分结实。同样，一个人如果遭遇种种阻碍、历经磨难，而最终克服这些困难，他的性格也会变得十分坚强。

英国劳埃德保险公司曾经从拍卖市场买下一艘船。这艘船1894年下水，在大西洋上曾138次遭遇冰山，13次起火，116次触礁，207次被风暴折断桅杆，但是它从来没有沉没过。

劳埃德保险公司基于它不可思议的经历和在保费方面带来的可观收益，最后决定把它从荷兰买回来捐给国家。现在，这艘船就停泊在英国萨伦港的国家船舶博物馆里。

不过，使这艘船名扬天下的，却是一名来此观光的美国律师。

当时，这位律师刚打输了一场官司，委托人也于不久前自杀了。尽管这不是他的首次失败辩护，也不是他遇到的第一例自杀事件，然而，每当遇到这样的事情，他总有一种负罪感，他不知该如何安慰这些在生意场上遭受不幸的人们。

当律师在萨伦船舶博物馆看到这艘船时，忽然有了一种想法，为什么不让委托人来参观这艘船呢？于是，他就把这艘船的历史抄下来，和这艘船的照片一起挂在他的律师事务所里，每当委托人请他辩护，无论输赢，他都建议他们去看看这艘船。

于是，经过不少演艺界、商界名人委托者的口碑相传，这艘历经磨难、伤痕累累却永不沉没的船舶名扬天下！世界各地的人们慕名而来，他们中有幸运的成功者，也有屡经坎坷的失败者，还有许多碌碌无为虚度年华的人，所有人都渴望从这艘船上找到自己人生的注脚。

律师的目的很明显，也很简单，他是想让人们知道：在大海上航行的船没有不带伤的。同样，世界上一马平川的通途压根儿就不存在。有谁的生命旅程是一帆风顺的？就算屡遭挫折，我们依然要坚定顽强、百折不挠地挺住！

可以这样说：生活有顺境，也有逆境，逆境常常多于顺境。我们要战胜逆境，把逆境变成磨炼自己的砺石，把逆境变成走向成功的动力。逆境可以培养我们的心胸和气度，使我们在磨难中成长、成熟。古往今来，多少文人志士就是在逆境中磨炼出他们的成就：屈原在流放苦难中写出了千古绝唱《离骚》；仲尼在失意的情况下写出了《春秋》；曹雪芹在贫病交加的痛苦中写出了《红楼梦》；奥斯特洛夫斯基在失明的痛苦中写出了《钢铁是怎样炼成的》……由此可见，逆境是有价值的，

它可以锻炼我们的意志，砥砺我们的斗志，增强我们的自信，激发我们自强，促使我们成功。

每个人自出生那天起，脚下就有了一条路，这条路就是人生之路。可它曲折、漫长，坎坷之中布满了荆棘。走在这条路上的人们，不可能一帆风顺，逆境是经常的敌人。一个大无畏的人，愈为环境所困，反而愈战愈勇。面对困难，不战栗、不后退，挺起胸膛，坚定意志，勇敢地迎上去，这才是人世间最可敬的人。

李德是一家大公司的职员，主要职责是协助总经理签单、与客户谈判等。他刚进公司时，公司运作良好，他的薪水也拿得很高，李德觉得自己选对了公司。但是突然有一天，老板马总召开全体员工会议，宣布公司目前正面对挑战，因为公司目前正在进行的项目已经耗资几百万元，发不出员工这个月的薪水了，请大家见谅，下个月一起补发。员工们没有提出异议，安安静静地回去工作了。一转眼半年过去了，马总辛苦奔波，虽然整套审批手续都办了下来，但是公司资金周转不灵，陷入了瘫痪状态。别说发工资，就是公司运营的日常费用都要向银行求救。当马总把这个消息告诉员工时，员工们个个人心涣散，辞职的辞职、罢工的罢工。不到一个星期，公司剩下的人已经屈指可数了。

这个时候，有人高薪聘请李德到他们的公司，但李德始终不为所动。他对来人说："公司景气的时候，老板给了我许多；现在公司有危难，我应该与公司共渡难关。只要老板马总没有宣布公司倒闭，我就不会离开公司。"来人听了李德的话，感叹地对李德说："现在像你这样的人不多了，如果你们公司不幸倒闭，请一定到我们公司来。”李德答应了。

情况越来越糟，最后留在马总身边的只剩下李德一个人了。马总大为感动，他许诺一定要为李德找个好未来，当时李德不知道他指的是什么。原来，马总将之前的项目转让了，在转让的合同里，马总开出一个条件，就是让李德担任接受转让的公司的项目开发部经理，并对他们说，他是公司最需要的人。李德加入新公司后，出任了项目部经理，新公司给他补发了原公司拖欠的工资，并对他与公司共命运的行为大加褒奖了一番。经过几年的奋斗，李德成了这家公司的副总裁，而他与马总始终保持着良好的关系。

面对逆境，不必畏惧，要坦然处之。逆境是一本书，需要认真领悟和把握，逆境使我们真正品味到生活的酸甜苦辣。所以，一切磨难、痛苦和悲哀，都是帮助我们、锻炼我们的。无论遭遇怎样的困难，不要反复想到自己的不幸，不要消沉。我们应该抱着宽容、乐观、积极的态度去面对逆境，其结果也必然会是走出逆境，迎来光明。

6

在生活中磨砺自己，在苦难中成就辉煌

“不磨不成玉，不苦不成人。”人生就是不断与逆境和磨难斗争的过程。勇于面对磨难，克服困难，才是最后的赢家。有意识地磨炼自己，使人生价值得到最大实现，这是一个现代人应有的追求。唯有如此，才能拥抱成功。

赵云是一家公司销售分公司的经理，有一次他负责的区域发生了一起产品质量事故，而恰好当地的负责人又出差不在。按照惯例，这种情况必须由他出马，在第一时间内赶到现场处理。可是赵云知道他面临的问题非常棘手。由于害怕困难，在总公司给他下指示之前，赵云以身体有病为由，向公司告假。

在这种情形下，总公司只好派了赵云的一位助手去处理。助手毕竟情况不熟，经验不足，不但没使事态平息，而且使事件进一步升级，影响更坏。总公司不得不另外派人去处理，最后这次质量事故引起的风波虽然得到了平息，但是公司付出了很大的代价。

公司最后肯定要追究责任，经过调查，如果赵云第一时间赶到现场处理的话，就不会造成那么大的损失。但是赵云却以自己告假为由，称自己并不知道这起事件的具体情况，一切都是助理去处理的。虽然赵云把责任推到了助理身上，但是总公司还是对赵云的工作态度不满，不久，就撤了他的职务。

现代生活物质的富足，使越来越多的人沉溺于物质的享受，远离艰苦生活，不愿磨炼自我。然而，逃避困难只会耽误自己的发展。作为一个年轻人，要勇敢地面对困难，有意识地磨炼自己，找回自尊，堂堂正正地生活！

年轻人初入社会，会遇到很多风雨，比如失恋的打击、经济的窘迫、不被上司重视的失落等，这些都是人生路上不可回避的障碍，但它们却不是不可逾越的。在风雨的洗礼中锻炼出强劲的翅膀，正是雏鹰成长的必需。年轻人如果没有足够的抗打击能力、抗失败能力以及承受各种挫折和委屈的能力，断然不会成长蜕变。

磨炼就是在艰难困苦的环境中锻炼，让自己不断成长，走向成功。我们生活在一个竞争激烈的世界，每个人的面前都有困难，如果将它当成一根栏杆来跳，勇敢地跨越过去，跳过了那根横亘在自己面前的栏杆，成功就会来到。

诚然，一个人在刚刚受到某些打击的时候，会格外消沉，会觉得自己简直不想爬起来了，或者觉得自己已经完全没有力气爬起来了。然而这只是一个过渡期。只有经得起逆境考验的人，才能算是真正的强者。

人生的磨炼，不是舞台上的演出，每一个人不仅要进入角色，还要承受生活中的不幸，经历人生的起伏。如果没有生活的磨炼，没有遇到

突如其来的打击，许多人往往不能展现出取得超常业绩的潜力。苦难是一所大学，它教会人们如何逆水行舟；磨炼是一个银行，经历的磨炼越难越多，得到的收获也越大越多。

孟岩毕业于某大学中文系，毕业后跟同学小芳成立了一个公关公司，跳进了商海。折腾了一个多月，营业执照终于下来了。谁知道就在这个时候，小芳因故退出，公司只能孟岩自己来做了。刚入商海就遭此变故，这令孟岩感到茫然失措。

那时候，孟岩的第一个念头就是放弃，但是她又心有不甘，更不愿意服输低头。于是，她不断地给自己打气，哪怕自己是公司里唯一的员工，也要硬着头皮干下去。开始的时候，因为没有一点客户资源，孟岩只能依靠电话号码本打电话推销自己，只要对方不拒绝，就立即约时间上门拜访，每天都累得半死。

就这样忙活了半个月后，孟岩终于被邀请参加某酒店公关销售计划的策划会。为了这份方案，她整整两天两夜没有睡觉，所有方案的内容都是她用手打的，看着自己用五号字密密麻麻排了十页纸的策划，孟岩踌躇满志地参加了策划会。

可是，到了会上之后，她差点没好意思拿出自己的方案。别人的策划稿都厚厚实实的不说，包装还十分精美，彩色封面用卡纸打印，还有专门的包装袋。然而自己简简单单用订书机装订的方案，简直寒碜得要命。

在会上，孟岩也显得形单影只，别的几家公司都是好几个人来参加。会议结束后，孟岩寒酸地去挤公交车，别的公司都是开着车一溜烟儿地跑了。孟岩感觉这单生意肯定一点希望都没有了，但是又不甘心就这样放弃，于是她打了个电话给酒店老总，请求他对自己策划方案中比较有特色的部分进行详谈，对方答应了。

结果，这次孟岩竟然失约了。原因是天下大雨，出租车司机把她扔在半路上跑了。等她几经周折赶到酒店时，老总早就出去了。孟岩只好徘徊在酒店楼下等老总回来，一直等到晚上八点多，就在孟岩疲倦得几乎坚持不住的时候，老总终于回来了。

那位老总看到孟岩狼狈的样子，感到非常惊讶。他没想到孟岩这么晚了还在这里等他，他被对方这种精神感动了。于是，老总把孟岩叫到了办公室，当面看完方案，然后立即打电话叫来公关经理开会，要求大家一起完善方案。

讨论完之后，老总直接问她："小孟，按你的方案做，价格上给我打个九折怎么样？"

就这样，孟岩的公关公司开张以来终于拿到了第一笔生意，合同金额虽然只有一万多元，但是却走出了坚实的第一步。如今，孟岩已经身价千万，打拼出了一片属于自己的天地。

正如孟岩的经历一样，阳光总在风雨后，所有的困难都有它的尽头，没有走不到的明天。对年轻人来讲，年轻时候的吃苦经历是一种磨炼，是一生中最宝贵的财富，只要你努力，痛苦的日子就一定会过去，前途就一定会很光明。

人生百年，没有谁能一条平路走到底，挫折总会藏在一个地方等着我们。那些突然出现的挫折会让我们感到委屈和无助。但是，上天从来不会故意和谁过不去，这只是一种人生路上的磨炼，当我们跨过去后，坎坷就会成为人生中的一笔财富。

因此，爱默生说：“每一种挫折都隐藏着让人成功的种子。”普希金说：“在那些曾经遭遇挫折的地方，最能长出思想来。”两位名人的话说明了这样一个道理：挫折是有价值的，它能让我们获得正确的思想，并最终走向成功。不过，想要从坎坷中走过并不是一件轻松的事，我们必须拥有顽强的斗志和坚定的信念。拥有了这些，成功就会指日可待。

第六章

拒绝拖延立即行动，奋斗的青春从今天开始

拖延就是浪费时间，是青春的大敌。年轻不是慵懒的资本，青春没有多少岁月可以挥霍。不要以为自己年轻，时间就还多得是。你的一生究竟拥有多少时间，你已经度过了多少人生岁月，你的剩余时间还有多少，你思考过这些问题吗？因此，年轻人不要再虚度年华，不要沉湎昨天，不要观望明天，一切从现在开始，奋斗从今天开始。

1

明日复明日，明日何其多

时间是一种非常宝贵的资源。如果缺少金钱、资本、健康、学识，只要有时间就都可以去补充，去努力得到自己想得到的。如果没有了时间，一切都是没有意义的，用什么办法都无法弥补。时间对于每个人来说都是极其宝贵的，我们都要培养时间观念，在行动中珍惜时间。

明代的钱鹤滩曾写过一首脍炙人口的《明日歌》：

明日复明日，明日何其多！
我生待明日，万事成蹉跎。
世人苦被明日累，春去秋来老将至。
朝看水东流，暮看日西坠。
百年明日能几何？请君听我《明日歌》。

很多年轻人认为自己年轻，有的是时间和机会，现在不玩何时玩，努力和成功明天再说。把希望寄托在明天，如此，明天复明天，明天是何其多，只有真正到了迟暮之时，才发现自己蹉跎岁月，一无所获。

对年轻人来说，虚度光阴是对生命的最大浪费。岁月匆匆，人生苦短，岁月经不起挥霍，青春经不起一再的蹉跎。时间就是生命，勤勉的人用时间做种，用勤劳做锄，收获丰硕成果。懒散的人用时间做火，用岁月做烟，燃尽生命余光，空留虚无烟云，终得懊悔不已。浪费时间就等于亵渎生命！我们要记住的是：要想成功，首先要珍惜时间。

世界上最宝贵的就是时间，最值得珍惜的就是今天。孔子在河岸上看着浩浩荡荡、汹涌向前的河水曾这样说道："逝者如斯夫，不舍昼夜。"意思是：过去的一切就像这奔流的河水一样，不论白天黑夜不停不息地流逝。光阴总是匆匆而去，不论对谁，它都不会有所留恋。

因此，年轻人一定不要虚度光阴，否则随着年龄的增长，等到容颜憔悴、精力衰退时，却发现自己一路走来并没有留下什么坚实的足迹，但却已经错过了最美好的花期，悔之晚矣。

马晓欣是某重点大学英语系的大四学生。刚进入大学时，由于高考压力的瞬间释放，她一下子放松了下来。她再也不用起早贪黑地去做那些堆积如山的作业，也不用再为那些大大小小的考试而废寝忘食。每天除了上几节课，她自己可以支配所有的空闲时间。

因为开始了无拘无束的住校生活，马晓欣感觉终于自由了。于是，除了上课，她一有时间便和寝室姐妹出去逛街，或漫无目的地在网上"冲浪"，遇到节假日就约好友出去旅行。总之，马晓欣完全把学业抛在了脑后，再没去过图书馆自习室，大学两年半的时间，就这样浑浑噩噩地过去了。

到了大三下半学期，眼看着同学们一个个过了英语专业四级，甚至有些人都过了专业八级，手里还没有一个英语证书的马晓欣这才开始发慌了。她赶紧突击两个月，勉勉强强算是把英语专业四级的证书给拿了下来，可之后又松懈下来了。

等到大四过了一半，马上面临毕业、就业的问题时，马晓欣才感到自己的“含金量”是那么不够，而时间又是那么有限。“如果能再给我一年在校学习的时间，那该有多好啊！”然而还没等她感慨完毕，就已经进入撰写论文、毕业实习的阶段了。

于是，毕业之后的招聘会上，马晓欣只有一个可怜巴巴的“专四”证书。作为一个英语专业的学生，没有“专八”证书的她，没有了进入理想企业的敲门砖，那些招聘单位既然有大批竞争力更强的求职者应聘，谁还愿意多看她一眼呢？

结果，三个多月过去了，马晓欣还没有找到一家合适的单位。

像马晓欣这样，在大学的“自由时间”里肆意“遨游”、挥霍青春的年轻人并不在少数。一进大学，很多年轻人就无所事事、悠闲度日起来。在这种情况下，如果不好好把握自己而肆意放纵，那么就很容易让时间白白流走，最终给自己留下难以弥补的虚度光阴的悔恨。

年轻人朝气蓬勃，要学会正确地管理并妥善地安排时间，做时间的主人，这样才能在未来的日子里赢得理想中的胜利。千万不要浪费时间，做没有意义的事。时间是世界上最宝贵的东西，它能使一个人从年轻到年老，能使一个人从平庸到卓越，同样也能使一个踌躇满志的少年，变成碌碌无为的庸者。时间无限，生命有限。不会把握时间，不会合理地利用时间，就是浪费了这上天赐予的最宝贵的财富。

有个热爱舞台表演的大学女孩，有一天她跟老师说出了自己的梦想：毕业后一定要去欧洲，然后登上纽约百老汇的舞台。看到她满脸憧憬的样子，老师问她："为什么要等到毕业呢？现在去百老汇，和毕业后再去又有多少区别？"的确，既然当前的大学生活并不能够帮助她争取到去百老汇演出的机会，那就没必要再等到毕业后。女孩仔细想了想，告诉老师说："下个学期我就去百老汇闯荡。"

老师紧接着又问："你现在去和下学期去，有什么不一样吗？"女孩觉得还可以提前一些，于是，她说："我这周好好准备一下，下周就出发。"

"有什么是必须在这里准备的吗？既然决定要去，何必再拖一周呢？"老师步步紧逼。

结果，女孩第二天就乘坐飞机去了纽约百老汇。去的当天，她就赶上百老汇正在为一部剧目选角，她略作思考，就决定争取一下这个机会。女孩按照剧本真挚地演绎了剧中女主角的角色，一下子征服了制片人。于是，刚刚到达纽约的女孩进入了百老汇，成为了舞台上的主角。

对于踌躇满志的年轻人来说，除了拥有满腔的热情，还要学会充分合理地利用自己的时间。要想取得比别人更大的成绩，就要付出比别人更多的努力；而要想在有限的时间获得更大的价值，就要学会规划自己的时间，勇于抓住今天。

成功源于今天。真正懂得珍惜时间、规划自己人生的人，总是自己决定什么时间做什么事，并立即行动；总是珍惜今天，而不是无意义地期待明天。今天该完成的工作拖到明天完成，现在应该打的电话拖到一两个小时以后才打，这个月该完成的报表拖到下个月，这个季度该达到的进度要等到下一个季度。拖来拖去，等好多事情积在一起，不得不做了，就会出现各种各样的问题。

2

拖延是一切努力的绊脚石

清晨，闹钟把你从睡梦中惊醒，你想着自己所订的计划，同时却留恋着被窝里的温暖。一边不断地对自己说，该起床了，一边又不断地给自己寻找借口——再等一会。于是，在犹犹豫豫之中，又躺了 5 分钟，甚至是 10 分钟。如果你把一天的时间记录一下，会惊讶地发现，“拖延”浪费了很多时间。

根据国外的研究，70% 的大学生存在学业拖延、做事喜欢“等待明天”的习惯。比如，到了期末，原本打算花费一个月的时间来复习，以应对考试，可是到了最后一个月的时候，许多人就想，半个月的时间其实就差不多了；而到了最后半个月的时候，他们又会想着留一个星期的时间复习就够了；可到了最后一个星期，他们仍然不想翻厚厚的笔记，最后竟然“裸考”。这种“病症”随着学生的毕业又在职场中逐步蔓延。人们或多或少都会因为拖延陷入成长的困扰之中，如何避免拖延

对人们工作和学习所造成的不良影响，成为一个巨大的难题。拖延可以把自己拖垮；拖延也只能让别人领先；拖延是时间管理中的最大的罪恶。

一次，北京一家外贸公司的老总要到美国参加一个国际商务会议并发表演说。他身边的几名助手负责处理相关的准备资料，甲助手负责演讲稿的草拟，乙助手负责制订一份与美国公司的谈判方案。

在该老总出国的那天，各部门领导都来送行，有人问甲助手："你负责的演讲稿做好了吗?"甲助手说："我前天只睡了4个小时，昨晚熬不住睡去了。反正我负责的演讲稿是以英文撰写的，老总看不懂英文，在飞机上也不可能看。等上飞机后，我把演讲稿打好就可以了。"谁知老总登机后的第一件事就问甲助手："你负责准备的演讲稿呢?"甲助手按他的想法回答了老总。老总听后脸色大变，怒道："怎么会这样？我已计划好利用在飞机上的时间，与同行的外籍顾问研究一下自己的演讲稿，别白白浪费坐飞机的时间！"甲助手听后，脸色一片惨白，连忙去赶稿子了。

接着，老总又看了乙助手的谈判方案，整个方案既全面又有针对性，既包括了对方的背景调查，也包括了谈判中可能发生的问题及对策，还包括如何选择谈判地点等很多细致的因素，完备而又有针对性。乙的这份方案大大超过了老总的期望。到美国后的谈判虽然艰苦，但因为对各项问题都有细致的准备，所以这家公司最终赢得了谈判。

出差结束，回到国内后，乙助手很快得到了重用，而甲助手由于拖延任务，受到了老总的冷落，被调离了总部。

生活中许多人都有拖延的习惯，由于这种习惯，他们可能出门误车、上班迟到，或者可能失去更好的改变他们命运的良机。所以无论什么情况下，如果你想做什么事情，那就马上行动，千万不要拖延。戒掉拖延的习惯，不断提醒自己“立即行动”，因为只有这样，你才能抓住宝贵的时机，成为你想成为的人。

年轻人应该极力避免养成拖延的恶习。受到拖延引诱的时候，要振作精神去做事，绝不要只挑最容易的部分做，而要去做最艰难的部分，并且坚持做下去。这样，自然就会克服拖延的恶习。拖延往往是最可怕的敌人，它是时间的窃贼，败坏好的机会，掠夺人的自由，使人成为它的奴隶。

在这个纷繁复杂的世界上，没有别的什么习惯，比拖延更为有害；更没有别的什么习惯，比拖延更能使人懈怠，减弱人们做事的能力。一个求职者在填写应聘书时，在工作的种类上犹豫起来，于是他回家准备考虑一下再作决定。第二天他又去了这家公司，可是这家公司的人事部负责人对他说：“对不起，下一次再说吧！”就这样，这位求职者在犹豫中失去了一次很好的工作机会。

拖延给幻想者留下惆怅，行动给创造者带来幸福。要知道，你等得越久，情况就越糟糕。因此，一位哲人说：“只要你想干某件事情，就要从现在开始努力。”我们要改掉拖延的习惯，唯一的办法就是立即行动。只有立即行动才能将人们从拖延的恶习中拯救出来。

罗莎小姐是一个办事拖拉的员工。例如，在工作中罗莎小姐常常积压一大堆来信。如果第一封信中牵涉到一个棘手的问

题，她就把它搁置一旁，找一封容易答复的信去处理，结果，没过多久，她就积攒了满满的两三包没有答复的信。但是她觉得自己无法改变这种习惯。

对此，老板皮尔斯警告说：“不要以为拖拖拉拉的习惯是无伤大局的，它是个能使你的抱负落空、破坏你的幸福，甚至是夺去你的生命的恶棍。”

皮尔斯对她说：“罗莎小姐，你不该认为你的这种拖拉作风是你固有的个性，或者也许是一种不可救药的毛病，实际上并不是这样。这是一种坏习惯，正如所有的别的习惯一样，它也同样可以被克服。所以，你不应当回避那些棘手的信，应当首先处理它们。你因此而得到的鼓舞会使剩余的任务迎刃而解的。”

这番警告使罗莎小姐受到震惊。她决心着手解决这个问题，直到彻底战胜它为止。在皮尔斯的指导下，罗莎小姐学到一个原则：如果有一件事情要做，立即就干。最后，她终于成功地改掉了拖拉的恶习。

拖延是成功的最大敌人之一。一个企业家可能因为拖延没能及时做出关键性的决策而遭到失败，一个学生可能因为拖延没有及时掌握应有的知识而失去上大学的机会。拖延到头来只会导致问题铢积寸累，难上加难。因此，凡是决定去做的事，不应拖延着不去做。也许你会觉得把这件事拖延几天再做会是个好主意，但那只会在后来让你陷入泥潭，对事情的解决十分不利，所以，对你极为重要的事不要一拖再拖了，马上去做才有可能成功。

3

死于安乐，安逸的青春不会有未来

艰难困苦是幸福的源泉，安逸享受是苦难的开始。青春不能贪图安逸，安逸是一潭死水，跳进去就出不来。年轻人别在适合奋斗的年纪选择了安逸，还找来一大堆冠冕堂皇的理由。你只有努力奋斗，坚持做好自己应该做的事，才会成为自己想要成为的人。

19世纪末美国康奈尔大学的科学家突发奇想，将一个活生生的青蛙投入已经煮沸的开水中，这突如其来的高温刺激，使青蛙承受不了，立即奋力从开水中跳了出来，得以成功逃生。当科学家再度把青蛙先放入装着温水的容器中，然后慢慢加热，结果就不一样了。青蛙开始时因为水温舒适而在水中悠然自得。当水温逐渐升高到青蛙发现无法忍受的高温时，已经心有余而力不足，没有求生的奋斗欲望，不知不觉被煮死在热水中。

正如实验的青蛙，它就这样轻易地在安逸的环境中放松了警惕，慢慢丧失了逃生的本能，最终成为“温水”的牺牲品。如果我们在一个

环境中不寻求改变，也会变成温水中的青蛙。可见，安逸的环境往往会使人松懈，消除人们的警惕，带来严重的后果。

工作和生活中，我们经常会看见“保持警惕”这样的警示标语。它似乎在时刻提醒着我们要注意安全，避免潜在的危险。所以每次看到这句话，人们可能都在不停地默念：一定要小心警惕呀。但是，这句话要真正地落实到每个人心中，却非常困难。比如道路的前方有一个深坑，我们很轻易地就避开了它；而马路上的一颗小石头，却经常使我们摔个大跟头，因为我们无视它的存在，自以为没问题。为什么我们会处于毫无警惕的状态之中？是什么使我们丧失了警惕呢？是因为我们处于安逸舒适中！

每个人都有自己的安逸舒适的生活，在这种状态中，我们会感觉很舒服。所以，大多数人觉得这是安乐窝，因此都不愿意轻易走出来。然而一旦舒舒服服躺在安乐窝里，麻烦就会自动找上门。因为世界在变，成功的规则也在变化，当环境发生变化后，你若不能很快适应环境的变化，那么势必被淘汰。谁能够更快地适应新环境，谁就能在社会上更好地生存。

阻碍你寻求梦想的最大敌人，就是安乐窝！年轻人想要成为强者，就必须走出安逸舒适的生活。

《士兵突击》里的许三多说过：人不能过得太舒服，太舒服就会出问题。一旦我们习惯了处在“安乐窝”里，要处理令自己不适的事情时，对“安乐窝”的眷恋就会让我们做出“趋利避害”的选择，要么只做容易的事情，要么就为失败找理由。有意识地从“安乐窝”逃离出来，一点点适应让自己变强过程中的不舒服，那些从来就不怎么让我们舒服的生活才不会太为难我们。

“困了、累了，喝红牛”，这是街头巷尾连小孩子都知道的“流行语”。“红牛”正是严彬旗下知名度最高的品牌。

2006年世界华商大会评选出的全球最具影响力的杰出华商排行榜上，占据第一位的李嘉诚几乎尽人皆知。但是排在第二位的严彬，却很少有人知晓。不过，提起“红牛”饮料、北京华彬国际大厦、北京沃德兰乐园等，很多人才恍然大悟，原来他就是这些项目的持有者。

从一个落魄异邦靠卖血求生的青年，到富甲一方成为世界最具影响力的华商；从一个下乡插队的知青，到游走于中泰高层的巨贾；这个当初贫困潦倒的穷小子，是如何一步步修炼成身家百亿的“红牛之父”的？

1954年，严彬出生于山东一个贫穷的家庭，16岁初中毕业，作为那个年代必须上山下乡的知识青年，他来到河南省林县插队。在这个与山西交界的极贫困地区，他干了整整一年，只得了92元钱。这一年里，他没见过几眼白面，天天吃的是红薯。因生活太穷困，所以他选择去泰国寻找新的生路。

初到泰国，身上没钱，没饭吃，所以当找到一个肯收他打工的老板时，老板问他要多少工钱，他的回答很简单：管饭。与严彬一起在唐人街打工的学徒中，还有两个来自昆明。他们三人都吃得特别多，而身为北方人的严彬比那两个南方人更能吃。老板娘不高兴了，说：“北方佬吃得真多！”于是，他只好每顿就吃一碗，然后自己拿工资去买米，煮熟后用酱油拌着吃。

打工期间，严彬特别勤快。别的学徒都是睡到8点钟才磨磨蹭蹭起床，而他5点钟就起来打扫院子，做好工前的准备工作。结果，不到两个月，他就被老板任命为经理。

正是因为这种毅力和坚持，严彬经过多年打拼，终于在而立之年，于泰国创办了华彬集团，主要经营物业、旅游、国际贸易等业务。后来逐渐成为当地华侨中非常有实力的企业。

2005年，美国《福布斯》杂志评选出过去4年"全球10大高增长品牌"，红牛以31%的价值涨幅与苹果、Google、亚马逊、雅虎、eBay等品牌一同上榜，成为唯一闯入前10的饮料品牌。

2006年，红牛又一举创下能量饮料年销售超过40亿罐的好成绩，以至老牌的可口可乐、百事公司都将其视为新兴领域最具实力的竞争者，红牛"世界能量饮料第一品牌"的美誉可谓是当之无愧。

2011年9月7日，胡润研究院在上海公布《2011海南清水湾胡润百富榜》前50名，严彬以500亿元位居第四名。

2015年10月15日，《2015胡润百富榜》发布，严彬以650亿元位列第十。

年轻，是一种资本，也是一种财富。要想走向人生的成功与辉煌，首先要吃苦奋斗。只有努力奋斗，才能到达自己的天堂。因此，我们可以用青春去豪赌未来，我们不怕失败，我们奋力向前，我们无所畏惧。即使最后我们一无所有，可是，那又怎样呢？至少，我们没有选择平庸，我们没有选择安逸，我们选择了青春时期最伟大的事业——奋斗。

人太舒服，未必是件好事。两千年前的孟子就说："生于忧患，死于安乐。”安逸舒适的生活，使我们失去前进的动力，被动地跟随生活的步伐，一旦生活中发生一些事情需要我们作出改变时，我们就会像温水里的青蛙，很难再跳出来。所以，从现在开始就要从舒适中逃离出来，适当地让自己奋斗起来。只有这样，我们才有前途，才有未来。

4

未来的成功需要现在的拼命努力

成功真的离我们很远吗？当然不！无论是什么人，只要他头脑清楚，只要他付出足够多的努力，就能取得成功。成功在于奋斗，我们付出多少努力，才能得到多少成功。那些成功者的光环，无一不是用付出的汗水所浸染，虽然咸咸的、苦苦的，但却也是甜甜的。

爱迪生说：“天才是百分之一的灵感，加上百分之九十九的汗水。”不流出足够多的汗水，你永远无法成功。爱迪生一生致力于发明，付出了比别人多几千倍、几万倍的汗水。即便是他功成名就时，也依然在不停地付出努力。75 岁的时候，他还每天准时到办公室签到上班。别人问他：“你都这么成功了，还这么努力，打算什么时候退休？”他双手一伸，装出一副十分为难的样子，对那人笑着说：“糟糕，我每天尽顾着努

力做事了，活到现在还真没有考虑过这个问题！”他一直不停地付出，直到84岁逝世。

种子生长成为一棵大树，是因为它付出了努力。一粒种子尚且如此，那我们呢？我们如果只想获得而不想付出，那只能是天方夜谭，只能是一无所成。生活就好像登山，我们都想快些爬到山顶，但却不能省略其中的任何一步，因为每一步，都是我们登上山顶的关键。也许在登山的过程我们会很累，会精疲力竭，但也一定不要想着偷懒，因为你付出多少努力，就会站在山上多高的位置。没有足够多的努力，你永远无法站到山顶。

成功看似不远，其实也很远；看似简单，其实也不简单。在追求成功的路上，不要以为你已经做得够多了。如果你还没有成功，那么只能证明一件事儿：你付出的还不够多。对于这种说法，你无需持怀疑态度，如果不相信，你大可以看看那些已经成功的人是怎样做的。

周晓彤是某外企的公关人员，有一次，公司要和一家跨国公司谈一个合作项目，双方商定在五一期间去九寨沟，讨论合作的相关事宜。当时正值旅游高峰时期，九寨沟的房源非常紧张。周晓彤的公司和客户一行将近十几个人，因为要谈公事，所以他们必须住到同一家宾馆。原来周晓彤订的是五星级酒店，但是后来由于酒店方面操作失误，客人到达后已经住满了。无奈之下，周晓彤代表公司再三向客户道歉，并对客户承诺一定解决这个问题。之后，周晓彤准备向领导汇报这一情况，但当时天色已晚，公司那边已经下班，周晓彤不愿意再打扰忙碌了一天的领导，于是决定自己解决问题。她首先把两方客人安排到茶屋休息，然后想方设法找宾馆，她打了不下30个电话，终于找到了一家合适的五星级酒店。十几位客户顺利地住进了这家酒店，并对周晓彤的工作很满意。接下来的几天里，双方谈判非常顺利，并且签下了合作协议。回到公司后，老板对周晓彤大加赞赏，不仅给她涨了薪水，还升了她的职。

只有足够的付出，才有可能战胜成功路上的困难。想要的成功和付出就像天平的两端，付出必须是等量于或者多于想要的成功，才能把想要的成功支撑起来，少一克也不行。想要得到自己心目中的成功，那就要拼命地增加付出的砝码，只能多，不能少。因为对公司来说，做任何一件事情，无论你付出多少辛劳，无论过程多么完美，如果没有一个好结果，那就是失败。在市场经济的新时代，做任何事情都应该有一个好的结果。一个优秀员工不仅要做事，更要做成事，所以成绩斐然的员工无疑会受到好的待遇。

大学毕业的李进到一家大型公司上班，开始其销售生涯。因为大学学的是管理专业，李进并不把别人放在眼里。他自比管仲、乐毅、诸葛亮再生。闲暇之余，李进总爱高谈阔论，同事们听到最多的就是，“你们这种做法太落后了，必须彻底改变”。当同事向他请教解决的问题时，他就像赵括一样纸上谈兵，说得头头是道。说完后，李进还不忘摇着头对同事补上一句：“唉，你们真不行。”

一年后，李进仍然做着他的销售工作，每月依然拿着800元工资，加上饭补和偶尔撞上门的小订单，最多也没超过3000元。和他同时进入公司的销售员，有的被提拔成区域代

理，有的被提拔为部门经理，即使和他一起奋斗在销售一线的其他员工的工资也超过万元。

李进认为自己的管理才华不能就这样埋没，于是向人力资源部提交申请，要求调到策划部。当人力资源部没有批准他的申请时，李进很不服气，气冲冲地来到经理办公室进行理论：“为什么我这么有才华的人，不能去策划部?”经理一脸平静地答复：“就凭你给我们的结果，你的销售业绩还不如新入职的员工。”数天后，这个夸夸其谈的李进被老板“请”走了。

有的员工爱抱怨工作繁重，薪水太少，却很少真正地反省一下自己。他们认识不到丰厚的报酬是建立在自己的工作努力上的，更认识不到利用工作机会来提高自己的能力、增强自己的实力，为日后谋取更好的待遇增加砝码。一个人工作，永远都只是为他自己书写人生简历，只有付出大于得到，让老板真正看到你的能力和价值，你才有可能得到更多的机会，创造更多的价值，同时你也找到了属于自己的最好位置。

其实想获得成功不难，想让自己变得更优秀也不难，只要我们相信：现在的每一点努力都会改变未来的自己。工作中，老板看的是业绩，要的是努力。因此，年轻员工只有不断地提升业绩、努力工作，才能成为一个真正对企业有价值的人，才能对得起未来的自己。

5

杜绝拖延，今日事今日毕

在职场中，抱着“今天实在太苦太累太疲倦了，明天再来做吧”这种想法的年轻人很多。殊不知，明天还有明天的新工作，所以这样积累下来的工作就会越来越多。我们要想在职场脱颖而出，唯一的机会就是把今天的工作做好。

今天能做到的事情，今天能完成的工作，为什么要留到明天去做呢？凡事都留待明天处理的态度就是拖延。拖延是把今天的担子，放在明天的肩上，直到不堪重负，变成一个负不起责任的人。如果你总是把问题留到明天去解决，那么明天就是你失败的日子。假如一切都等待明日来做，那么我们将一事无成。同样，如果你计划一切从明天开始，你也将失去成为成功者的机会，因为明天不过是你懒惰和恐惧的借口。

拖延是人的通病，也是大病，因为它会拖掉你成功的机会。假如你应该打一个电话给客户，但由于拖延的习惯，你没有打这个电话，你的工作可能因为没打这个电话而延误，你的公司也可能因这个电话而蒙受损失。一个企业家因为没能及时做出关键性的决定，错过了最佳时机而惨遭失败；一个病人延误了看病的时间，会给生命带来无法挽回的损失。拖延这个坏习惯看似无碍大局，实则是个能够让你的抱负落空的恶棍。我们常常因为拖延时间而心生悔意，然而下一次又会习惯性地拖延下去。几次三番之后，我们竟视这种恶习为平常之事，以致漠视了它对工作的危害。拖延会侵蚀人的意志和心灵，消耗人的能量，阻碍人的潜能的发挥，它不能解决任何问题，也不会使解决问题变得从容，但拖延却能时常操纵我们的思想，束缚我们前进的步伐。其实，只要开始动手去做，你往往会发现，事情并非你所想的那般棘手。

因此，今日事就应该今日毕，如果总是给自己找借口拖延时间，那到头来即便再美好的想法也终会变成泡影。大多数成功者都知道这样一句话：“拖延等于死亡。”对于年轻人来说，养成“当日事当日毕”的习惯是一种必须，亦是一种必然。

崔淑立是海尔洗衣机海外产品部经理。崔淑立接手美国市场时，大家都认为拿下美国的客户L先生非常难，因为多位产品经理都没能打动L先生。真这么难吗？崔淑立不信。

这天，崔淑立一上班就看到了L先生发来的要求设计洗衣机新外观的邮件。因时差12个小时，此时正是美国的晚上，崔淑立很后悔，如果能即时回复，客户就不用再等到第二天了！从这天起，崔淑立决定以后晚上过了11点再下班，这就意味着可以在当地上午的时间里处理完客户的所有信息。

三天过去了，“夜半日清”让崔淑立与客户能及时沟通，开发部很快完成了洗衣机新外观的设计图。就在决定把图样发给客户时，崔淑立认为还必须配上整机图，以免影响确认。当她逼着自己和同事们完成“日清”——整机外观图并发给客户时，已经是晚上12点了。大约凌晨1点，崔淑立回到家，立刻打开家中电脑，看到客户的回复：“产品非常有吸引力，这就是美国人喜欢的。”她顿时高兴得睡意全无，为自己的“夜半日清”有效果而兴奋不已！

样机推进中，崔淑立常常半夜醒来打开电脑看邮件，可以回复的就即时给客户答复。美国那边的客户完全被崔淑立的精神打动了，推进速度更快了，L先生第一批订单终于敲定了！

其实，市场没变，客户没变，拿大订单的难度没变，变的只是一个有竞争力的人——崔淑立。崔淑立完全有理由说：“有时差，我没法当天处理客户邮件。”但她只认目标，不说理由！为什么？崔淑立说：“因为我从中感受到的是自我经营的快乐！有时差，也要日清！”

每天都有目标，也都有结果。日清日新，其实是一种自我管理的方式。任何工作如果没有时间限定，就如同开了一张空头支票。只有懂得用时间给自己压力，到时才能完成。只要努力去做到“当日事当日毕”，每天都坚持完成当日的工作，我们就会发现不仅可以按时完成任务，而且心理上也会感觉很轻松。

要想抓住今天，就不要等待明天，要想有一个灿烂的明天就一定要将今天的事终结在今天。瑞士著名教育家裴斯泰洛齐说：“今天应做的事没有做，明天再早也是耽误了。”所以今天的事一定要今天完成，绝不能推到明天。如果总是面对今天望明天，却不知明日何其多，而明日的明日便是人生的尽头了。这样做的结果是，不但没有经营好今天，明天也悄悄地溜走了。

老李是一家药厂质量监督部门的负责人，工作几年来一直

兢兢业业，颇得领导的赏识。由于老李工作谨慎认真，该药厂生产的药品很少出现质量问题。因此，药厂的生产规模日益扩大，效益不断增长，老李的工作量也越来越大。

有一次，一批新感冒药经审核投放市场后，有部分消费者反映吃完之后有不适反应。厂长找到老李，让他尽快查明原因，并采取相应措施，给消费者一个答复。可是老李当时以为既然该药已经通过了双重检查，有问题的概率应该很小，部分不良反应属正常现象，因此并没太放在心上。他觉得过两天再处理也无所谓，还是先把手头其他重要事做完要紧。结果没想到，几天之后，问题越来越严重，出现不良反应的人越来越多，并且有人开始投诉该药厂。一时间，闹得沸沸扬扬，药厂名誉一落千丈。厂长知道老李没有及时处理这件事之后非常生气，严厉地批评了他，并免去他部门主任的职务，还扣掉他一年的奖金。然而，老李不知道，本来厂长是打算下个月起提升他当副厂长的，结果就是因为他一时的拖延而毁了大好前程。

拖延是成功的最大杀手。今天的工作今天必须完成，因为明天还会有新的工作。今天的事情拖到明天，只会让自己更被动，头绪更乱、任务更重。所以，不把今天的工作做好，就不可能拥有辉煌的明天。在竞争日趋激烈的今天，时间就是速度，速度就是财富，这更要求我们做到“今日事今日毕”。工作成绩是自己努力做出来的，生活是自己创造的，成功离你并不遥远，它就在你的脚下。你想成为什么样的人，就会成为什么样的人。十年后、二十年后你的状态由你今天的行为和思想决定。当你养成了“今日事今日毕”的习惯，并把它当做自己的行为准则时，你离成功就不远了。

青春的今天是最有价值的“现金”，所以奉劝年轻的朋友们不要肆意挥霍你手中最珍贵的今天，在我们还可以自由支配它的时候，让它发挥最大的作用，成就自己青春的梦想。年轻人一定要抓住今天，不要给拖延留任何借口，把今天当做你生命的最后一天去对待吧，你将会拥有阳光、雨露、鲜花，因为人生的所有美好只在今天绽放。

6

立即行动，现在就是最好的开始

年轻人建功立业的秘诀就是：立即行动！只要你活着，“立即行动”就是你的最佳选择。理想是奋斗的目标，对于一个人的成功非常重要。但是我们不能只生活在理想之中，这样是无法实现理想的，所以有理想和希望固然重要，但更重要的还是行动。年轻人如果仅仅幻想着美好的未来，却不愿采取任何行动，结果只能是被空想所毁灭。

有句话说得好：“一百次心动不如一次行动！”因为行动是敢于改变自我、拯救自我的标志，是一个人能力有多大的证明。光心想、光会说，都是虚的，没有一点儿实际的东西。一个人如果不善于采取行动，他是很难有所作为的。任何事情计划得再好，不如现在卷起衣袖开始做。面对目标，面对伟大的战略，最重要的是立即行动起来！凡事马上行动，立刻行动，你的人生才会不一样。

有一位名叫西尔维亚的美国女孩，她的父亲是波士顿有名的整形外科医生，母亲在一所声誉很高的大学担任教授。她的家庭对她有很大的帮助和支持，她完全有机会实现自己的理想。她从念中学的时候起，就一直梦寐以求地想当电视节目的主持人，她觉得自己具有这方面的才干，因为每当她和别人相处时，即使是生人也都愿意亲近她并和她长谈。她知道怎样从人家嘴里“掏出心里话”。她的朋友们称她是他们的“亲密的随身精神医生”。她自己常说：“只要有人愿给我一次上电视的机会，我相信一定能成功。”但是，她为达到这个理想而做了些什么呢？其实什么也没有！她在等待奇迹出现，希望一下子就当上电视节目的主持人。

西尔维亚不切实际地期待着，结果什么奇迹也没有出现，因为谁也不会请一个毫无经验的人去担任电视节目主持人，而且，节目的主管也没有兴趣跑到外面去搜寻天才，都是别人去找他们。

另一个名叫辛迪的女孩却实现了西尔维亚的理想，成了著名的电视节目主持人。辛迪之所以会成功，就是因为她知道“天下没有免费的午餐”，一切成功都要靠自己的努力去争取。她不像西尔维亚那样有可靠的经济来源，所以没有白白地等待机会出现。她白天去做工，晚上在大学的舞台艺术系上夜校。毕业之后，她开始谋职，跑遍了洛杉矶每一个广播电台和电视台。但是，每个地方的经理对她的答复都差不多：“你不是已经有几年经验的人，我们不会雇用的。”但是，她不愿意退缩，也没有等待机会，而是走出去寻找机会。她一连几个月仔细阅读广播电视方面的杂志，最后终于看到一则招聘广告：北达科他州有一家很小的电视台招聘一名预报天气的女孩子。辛迪是加州人，不喜欢北方。但是，有没有阳光、常不常下雨都没有关系，她希望找到一份和电视有关的职业，干什么都行！她抓住这个工作机会，动身到北达科他州。辛迪在那里工作了两年，最后在洛杉矶的电视台找到了一个工作。又过了五年，她终于得到提升，成为她梦想已久的节目主持人。

为什么西尔维亚失败了，而辛迪却如愿以偿呢？因为西尔维亚在十年当中，一直停留在幻想上，坐等机会；而辛迪则是采取行动。最后，辛迪终于实现了理想。年轻人尤其要懂得，任何成功都需要付诸行动，天下没有不劳而获的事，这是亘古不变的法则。所以现在就采取行动吧，行动高于一切！年轻人不付出行动，成功与梦想只能停留在口头上。

成功其实很简单，只要你立即行动起来，着手去做。不开始行动，总是拖延，永远也不会取得成就。拖延是最具破坏性、最危险的恶习，它会使人终日懒散而无所事事。很多年轻人，恐惧困难、懒于行动，把事情一拖再拖，最终后果是丧失了主动的进取心。

成功始于心动，成于行动。很多年轻人就是这样，自己不去做，可是一旦别人做到了，他又觉得太简单。“事非经过不知难”，必须要亲自尝试，才能体验到事情的难度。把一切事情都停留在口头上和思想上，是没有意义的，你必须要行动起来来证明自己。一个只懂得坐在云端想入非非而不能脚踏实地去努力的人，是永远也不会取得成功的。只有把理想和现实结合起来，才有可能成功。我们绝对不要等到条件都具备了，才开始行动。

无论何时，都应该把立即行动作为你的信条。“绝不将任何事情拖延”，这是严格的准则，也是我们每个人都需要的准则。年轻人做任何事情，必须赶快行动，不要拖延。许多人虽然怀有大干一番事业，做出辉煌成绩的想法，可是总不见行动，只是把这些想法挂在嘴边，每天都踏步不前。他们或在等待目标的实现，或在等待别人来帮助他实现。他们不懂得实现目标的方式不是靠天分也不是靠等待，而是靠一个人的实际行动，只有行动才是实现目标的关键。

我们应该养成立即行动的好习惯，否则无法成就大事。把握住现在的瞬间，从现在开始做起。有些年轻人总喜欢找各种借口拖延，比如说，“现在我的情绪不好，等心情好了再去做也不迟”“现在我没有时间，等时间富裕了再去完成这件事”“这件事不太容易完成，还是先放一放吧”。殊不知，时间和机会一闪即逝。当你真的下定决心开始做某事时，你已经没有机会了。

年轻人要克服拖延的习惯，树立“立刻行动”的时间观念。最消磨意志、摧毁创造力的事情，莫过于拥有梦想却不开始行动。一个目标明确、胸有成竹的人，绝不会只把自己的计划拿出来与别人反复讨论，只要作出了决定，他就会勇往直前，因为他明白，只有行动，才有成功的可能。

第七章

仰望星空还要脚踏实地，别让奋斗的青春被浮躁绊倒

璀璨的星空照亮年轻人的梦想之路。但是，年轻人在仰望星空的时候，也不能忘了脚踏实地。只有脚踏实地才可以让自己的每一个脚印都折射出星空的绚丽；只有踏踏实实、吃苦耐劳的人，才能到哪里都有成功的希望；只有脚踏实地才不会摔跟头。实实在在地走好每一步，才能够为自己赢得成功的机遇。

1

从青春的字典删掉“抱怨”的字眼

抱怨就是表达哀伤、痛苦或不满，它是一种有害的情绪。抱怨并不能解决问题，只能让人越来越不快乐。因为困难是一回事，抱怨是另外一回事。很多时候抱怨不但不能解决问题，还会使问题恶化。抱怨既无法改变事实，又给人徒添烦恼，还会影响个人形象，甚至让人碌碌无为，只会让一个人的思想停留在过去，让一个人的脚步停滞不前。

一个事业有成的人，首先一定是个不急不躁、不怒不气的人。不管遇到任何不顺心的事都能够想得开、忍得住、不生气，这不仅是一种开明、智慧与毅力，更是一种修养、觉悟和境界。因此，年轻人要远离抱怨。

俗话说，人生不如意事十之八九，遇到挫折，有的人就会通过抱怨来宣泄自己的情绪。因此，抱怨是不可避免的，是人们表示不满和抗争的一种方式，但抱怨是消极的，毫无结果及价值。

年轻人千万不要抱怨，而应尽力去把手中的事做得更好。这不仅是一个机会，更是你有气度的表现。正如卡耐基说的这句话：“与其抱怨别人不重视你，不如好好反省自己，不断提高自己的能力。”

阿明在短短一个月的时间内已经连续更换了4次工作，无奈中只好去求助一位职业咨询师。

“第一家单位的老板太苛刻，脾气太坏，我忍受不了他那张严肃的脸，结果我一气之下就走了！”阿明不无遗憾地说，“不过那里的员工还不错。”

职业咨询师问：“第二家呢？”

“哦，我是一个相对安静的人，我不喜欢吵闹的环境，我上了一周的班，可是那个部门的人太活跃了，我受不了他们的笑声……”

职业咨询师笑了一下，问：“第三家是什么问题？”

“第三家我待的时间比较长，但是我反感在背后说别人坏话的人，我连续听到好几次别人说我清高，可是我不是那样的人，我的情绪受到了干扰，我想换个新的环境。

“可是我发现第四家的人更难以相处，虽然他们都很安静，但是我觉得似乎也太冷漠了，我去了两天竟然没有人拿正眼看过我……”

职业咨询师把身子向后仰去，说：“你的困难其实很好解决，你只需要明白，你要适应环境，而不是让环境适应你。你要尽量‘合群’，而不是把自己置于群体之外。”

我们必须知道，抱怨解决不了任何问题，世上没有什么是完美的，所以即使做不到从不抱怨，你也应该尽量让自己少一些抱怨。任何一个公司，都可能有苛刻的老板，或者异常活跃的同事，或者在背后说他人是非的人，或者冷漠的人，甚至最糟糕的情况是，这几种人可能会同时存在，但是你所要做的就是“合群”。你要融入你的工作环境中，你要适应同事和周围人的生活习惯，因为只有这样，你才可以达到最好的工作状态。

说到底，抱怨是软弱的表现，是缺乏自信心的结果，它透露着一个人的无能为力和悲观消极，它给人带来精神上的伤害，让人看不到光明，让人心胸变得狭窄，让人在一个狭窄的世界里无法自拔。对年轻人来说，抱怨是不必要的。与其到处宣扬自己有多努力，贡献有多大，不如把时间和精力花在冷静反思上，想通了原因，想好了对策，领导对你的关注就随之而来。因此，抱怨少一点，离成功就近一点。

约翰大学刚毕业，就进入了纽约的一家出版社工作，担任编辑。他的文笔不错，而且工作也非常认真，因而博得了上司和同事们的一致好评。不过，出版社提供给新员工的薪水却比较低，工作了一段时间之后，还是没有涨薪水。于是，新员工里就有人抱怨道：“原以为进入这家出版社能领到丰厚的薪水和福利，没想到薪水这么少！更气愤的是，都快一年了，社里都没有给我们涨薪水的意思。”

不过，约翰并没有参与这种私下里的抱怨。他只是每日里埋头苦干，任劳任怨。因此，有人就笑他傻，领那么点工资，还那么卖命地去工作。但他每次都只是微微一笑，然后又投入到工作中去。

当时，出版社正在进行一个系列图书的发行工作，每个人都被分配了不少任务，个个忙得不可开交。然而，出版社领导并没有增加人手的打算，所以编辑部的人也会被派往发行部去帮忙。不但新员工，就连老员工也对这个决定很不满。结果，整个编辑部只有约翰很乐意地接受了领导的指派，其他人都是去了一两次就开始找理由躲避不去了。

有人偷偷地问约翰："你整天被指派来指派去地干那么多活，却领那么点薪水，你不觉得太亏吗？要是我，早就不干了！"

约翰哈哈一笑，然后回答说："愿意多付出，才更容易多收获。我觉得多做事对我的成长只有好处，没有坏处。"

两年过后，和约翰一起进来的新员工，有的已经被辞退了，有的虽然还在编辑部里，但薪水待遇并没有提升多少。那么约翰呢？他的薪水已经提升了 20 倍，并且担任了编辑室的负责人。十年后，他离开了这家出版社，成立了自己的出版公司。再后来，约翰成了纽约著名的出版家。

约翰没有抱怨，有的只是任劳任怨，最终他用结果向那些抱怨的人证明——一个人抱怨得越多，其获得就越少。一个人每天工作时，都带着抱怨的情绪，怎么能干好工作呢？优秀的人从不抱怨外部环境，他们只想如何改变自己，把工作做到完美，做出更好的结果。

作为年轻人，不要总是抱怨连连。通常情况下，那些满腹牢骚的年轻人往往得不到很好的成长，而且自身发展格局也会越来越小。因为遇到问题，如果只是抱怨，不能冷静地分析形势，调整心态，就会在抱怨的误区中越陷越深，情况就会变得愈加糟糕。我们应该懂得，有一个积极的想法，一次果断的行动，会比毫无意义的抱怨有用得多。因此，抱怨是不必要的，而不抱怨的你会更接近成功。

2

别被外界的喧嚣扰乱了内心的宁静

我们既然生活在这个喧嚣尘世，就都会面对凡事种种，如果不能保持一种平静、平和的心态，就会被一些事情所困扰，扰乱了自己的心境与心情，同时也失去精神上的自由。世上的任何事物，成与败、失与得皆是相对的。学会以坦然平静的心态面对成败得失，才能享受更大的自由！

有两个大学毕业生，他们是同班同学，其中有个学习成绩很好，而另一个成绩一般，毕业后他们两个同时进入一家大公司上班。那个学习成绩很好的大学生对那些细小繁琐的事情不屑一顾，一门心思只想干大事，不久就受外界诱惑离职了。从那以后，那个成绩很好的大学生也静不下心，不断地跳槽找工作。但那个成绩一般的大学生，工作非常认真仔细，脚踏实地做好每一件事情，三年以后他就被提升为部门经理。一天，已经当上部门经理的那个大学生因为公司需要去人才市场负责招聘人员，应聘者竟是那个他同班成绩很好

的大学生。

这个故事也许曾经就发生在你的身上。刚踏入工作岗位的年轻人，起点都是一样的，就看你对待工作的态度如何，是浮躁地把目标放空放大，还是脚踏实地从每一件小事做起。对此，我们需要静下心来，别被外界的喧嚣迷惑。每临大事有静气，方为大家风范。

能保持内心宁静的人，才是最有力量的人。“神静而心和，心和而形全；神躁则心荡，心荡则形伤。”一个人心浮气躁时，方寸已乱，必然会导致举止失常，进退无据，会失去正确的判断力。反之，心静神定，泰然自若，便听不到外界的喧嚣和嘈杂，为人处世就不会失于轻率。

保持内心的宁静是一种状态、一种生命觉悟。有一个平和宁静的心境，有一个好的心态，就能告别浮躁，归于从容。静下心来是应对喧闹痛苦的最佳处方，静下心来是走向修身养性的正确途径。在生活节奏飞快的今天，物欲催促着我们的脚步，时光一如既往地分秒流走。我们的人生看似在一些方面丰富了，而在另一些方面却日益贫乏。所以我们必须静下心来，克服急躁的毛病，别被外界的喧嚣影响。

莉莉觉得自己最近常处于极度焦躁不安的状态，吃不香、睡不好，精神恍惚，整天心事重重，做什么事情都提不起劲儿。现在经济不景气，她很担心自己不知道哪天突然遭遇裁员或减薪，倘若真的那样，房贷怎么还？想起钱，莉莉又开始烦恼这个月的电话费不知为何涨了两倍，而业务又没有新进展。等下要开会，会开太久吗？晚上还有重要的约会呢，好担心会迟到。

生活在现代都市，很多年轻人都像莉莉那样，每天有数不尽的烦恼事。当面对让你喘不过气来的工作压力并感到心情烦躁，甚至有一种莫名的发泄欲望时，也许就意味着，你到了必须采取措施去缓解这种压力的时候了。如果你还是一如既往地忍耐忍耐再忍耐，那么，你的不满情绪就会像地气一样逐渐地储存起来，并且不断地加大压力，当这种压力积累到了一定的程度时，就会突然来个总爆发。心理压力的总爆发会严重地损害心理健康，可能会使人精神失常，这绝不是危言耸听！

所以，在工作过程中当你感到心情烦躁，并且确信这种不好的心情是来自于工作压力时，不妨放慢工作和生活的节奏，采取放松自己的办法，释放自己的心理压力，给内心留一片清净地。

繁忙的生活、拥挤的空间、竞争的压力，让人每天步履匆匆、忧心忡忡，时刻生活在压力之下。不少年轻员工都有过这样的体验：整日里在公司忙忙碌碌，这边的工作还没有完成，那边的工作任务又分派下来了。面对堆积如山需要处理的文件，在心情烦躁的时候，真想把这些文件撒得满地都是，好像只有这样才能稍稍发泄自己不满的情绪。

高明是一名普通的修理工，虽然目前的生活勉强过得去，但离自己的理想还有很大的距离。忽然有一天，他把自己经历过的事情都在脑海中回忆了一遍。突然间他感到一种莫名的烦恼：自己并非一个智力低下的人，但为什么至今依然一事无成，还是一名普通的小职员呢？

想到这里，他取出纸笔，写下四位自己认识多年、薪水比自己高、工作比自己好的朋友的名字。其中两位曾是他的邻居，如今已经搬到高级住宅区去了，另外两位是他以前的老板。他扪心自问：和上面这四个人相比，除了工作比他们差以外，自己还有什么地方不如他们？是聪明才智？凭良心说，他们实在不比自己聪明多少。

经过很长时间的思考和反思，他悟出了问题的症结——自己太浮躁。在这一方面，他不得不承认自己比他们差了一大截。

高明自此下定决心，一定要完善自己，静下心来弥补自身的缺陷。

面对着永远干不完的工作、任务，有时候真的想什么都不管了，抛下手头的工作出去散散心。其实当你面对沉重的工作任务感到特别压抑的时候，真的应该静下心来，放慢工作和生活的节奏，因为从做好工作的角度讲，当你心情烦躁、不安、沮丧的时候，也是你工作上出错率最高的时候。因为这个时候你的脑力使用已经到了极限，就像一张弓一样，再轻轻拉一下说不定就会折断。这个时候就应该放下手头的工作，做一些你认为能放松自己的，与工作无关的事情。当你感到身心的疲惫感已经逐渐消失，心情已经比较轻松后，再回到工作中去。这时，你会觉得工作起来比以前得心应手，效率也会明显地提高。

3

控制情绪，不为小事生气

人皆有七情六欲，受到外界刺激时，难免情绪冲动、发火、愤怒，这是人的一种自我保护本能的生理和心理反应。虽然这是人的正常反应，但这种冲动的情绪却不可放纵，因为它可能使你丧失冷静和理智，使你不计后果地行事，最终酿成大错。例如，我们在生活中经常会看到，人们之间仅仅是因为你踩了我的脚，或一句话说得不当，就可能引发争吵、谩骂、打架，甚至流血冲突的情况。

人们常说“小不忍则乱大谋”，说明了冲动的危害。如果你想发怒，你就应想想这种行为会产生什么后果。如果发怒必定会损害你的身心健康和利益，那么你就应该约束自己、克服自己，无论这种自制是如何吃力。一旦你学会克制自己，学会忍耐，也许就在你承受忍耐煎熬时，幸运就悄悄地降临了。因此，年轻人要懂得驾驭自己的情绪。

在一次美国大学生的橄榄球赛上，夏威夷大学队（以下简称“夏大队”）与怀俄明大学队（以下简称“怀大队”）对抗。到中场时，夏大队惨败，比分为0：22，几乎是溃不成军。夏大队球员进入休息室后很是沮丧。

夏大队教练狄克·屠迈看着这群垂头丧气的大孩子，心想除非调整他们颓丧的情绪，否则下半场不可能扭转败局。因为夏大队所有队员全都泄气了，认为赢球已经无望，而以这种态度根本就不可能打赢这场比赛。

这时，屠迈拿出一张海报，上面贴满了多年来他搜集的剪报文章，每一篇都是从落后到扭转败局、最后赢得胜利的故事。球员们看过这些报道后，重建信心，斗志昂扬。

在下半场，夏大队球员个个如猛虎下山，掌握了进攻的主动权，让怀大队一分未得，终场以 27∶22 获胜。

夏威夷大学队获胜的根本原因是队员在教练狄克·屠迈的帮助下，及时调整了自己的情绪，由原来的沮丧变成高昂，由垂头丧气变成信心百倍，从而一举扭转了败局。

情绪管理是一门学问，掌控得恰到好处更是一门艺术。你是否有过这样的经历：当情绪高涨，处于兴奋、愉悦状态的时候，就会感觉自己所向无敌，做起事情来也得心应手，特别顺畅。但是当你感觉沮丧、灰心失望的时候，即便很简单的事情，也会让你感到无能为力。事实上，导致以上两种巨大反差的，并不是情绪本身，而是我们能否对情绪进行适度的调控。若能控制情绪的表达，在负面情绪出现时巧妙地把它过滤或者转化，同时让正面情绪自由地流露，使之成为潜意识的一种能量，那么，你就会发现情绪是一种惊人的力量：如果熟谙控制情绪的智慧，我们就能使内在的自己与当下的自己保持步调一致，并由此获得安全感，让生命的空间变得更加开阔。

在如今的社会中，快节奏的生活使得很多人在做事时都特别情绪化，容易大喜或大悲，很少处于中间的平衡状态。有的人只要情绪上来，就什么都顾不了了，什么难听话都说得出来，什么话伤人说什么，甚至还能做出不计后果的事情来。

一个不能控制自己情绪的人，健康状况堪忧，工作也很难做好，最终只会沦为情绪的奴隶；而一个能控制自己情绪的人，会成为情绪的主人。情绪稳定，不但有利于身心健康，还有利于好好工作。

赵曙光是公认的策划能手，他策划出的活动独具匠心、标新立异，很受客户和老板的认可。虽然他的能力很突出，但有一个致命的性格缺陷——控制不住自己的坏情绪。每当遇到不顺心的事情时，他就会摔东西。老板对他也很是照顾，多次从侧面对他提出批评，但成效不大。

有一次，公司接了一个大客户，老板将案子交给赵曙光做。当赵曙光拿着熬了两个通宵才辛辛苦苦做出来的策划方案送到了客户那儿时，没想到，客户看了之后不但不满意，还挑了一大堆毛病。最后，客户要求赵曙光把方案拿回去重做。他从来没有被客户这么指责过，这对赵曙光来说是当头一棒。头脑一热，他将策划书奋力地往桌子上一摔，与客户大吵了一架。回到公司后他还不解气，抄起桌子上的一个花瓶便用力地摔到了地板上，害得大家半天都没办法正常工作。

第二天，赵曙光便接到了停职信。他生气地找到老板，要得到一个合理的解释。老板解释道："你连自己的情绪都管理不好，我又怎么放心让你再负责这些重要的事呢。你的能力我很欣赏，但你的自控能力实在太差了，与客户公然发生争执，给公司形象带来了巨大的损害，更别说让你去负责一些重要的事情了。你在办公室里摔东西的行为，也严重影响到了同事们。等你什么时候学会控制自己的情绪了，你什么时候再来吧。”

其实我们每个人都会遇到一些不顺心的事，这时候难免会产生不良情绪。然而，有些人能够控制自己的坏情绪，有些人却纵容自己的坏情绪、坏脾气不分场合地发泄。纵容自己坏情绪的人，自然很难被老板重用，也很难受同事们欢迎。

古往今来，每个人的人生都有很多的阴晴圆缺，不顺心的事十之八九。为了适应社会，我们有必要控制自己的情绪，淡定从容地对待问题。只有先学会管理自己的情绪，才会管理好其他事情。因此，我们要学会控制自己的情绪，不要让坏情绪左右自己。控制了自己的情绪，也就控制了局势，就能把握自己的人生。

4

耐得住寂寞，板凳能坐十年冷

在工作或是某方面有成就的人，都有一个共同的特点，就是长期默默无闻地辛勤耕耘和忍受孤独寂寞地苦苦奋斗。有的人苦苦追寻成功的真谛，但就是找不到。其实不是找不到，而是他自己做不到。他们害怕孤独和寂寞，他们不愿付出；他们喜欢热闹，喜欢寻乐，他们今天走进大酒店，明天走出迪厅。试想，这样的人能成功吗？成功，只能属于那些无畏于孤独、寂寞而辛勤工作的人。

2012年10月，我国文坛最火的喜事莫过于莫言荣获2012年诺贝尔文学奖。莫言能成为首位获此奖的中国籍作家，的确值得庆贺和喝彩。他的成功，就是因为他战胜了心灵的寂寞，在写作中体验到了诸多乐趣。

莫言1955年2月出生于山东高密县河崖镇大栏乡，自1981年在河北保定的《莲池》第5期上公开发表第一个短篇小说《春夜雨霏霏》开始，迄今为止发表了八十多篇短篇小说、三十部中篇小说、十一部长篇小说，出版过五部散文集、一套散文全集、九部影视文学剧本以及两部话剧作品。他的作品还被广泛地翻译成英语、法语、西班牙语、德语、瑞典语、俄语、日语、韩语等十几种语言，是我国当代最有世界性知名度的作家之一。

莫言的文学创作，风格独特、语言犀利、想象狂放、叙事磅礴，在新时期以来的我国文学创作中独具魅力。《纽约时报》书评曾说,莫言是一位世界级作家。诺贝尔文学奖获得者、日本作家大江健三郎对莫言的文学作品很推崇，认为他的创作代表了亚洲的最高水平。

莫言和他的作品荣获了海内外诸多奖项：

1987年全国中篇小说奖；

1988年台湾联合文学奖；

1996年首届大家·红河文学奖；

2001 年第二届冯牧文学奖；

2001 年法国儒尔·巴泰庸外国文学奖；

2002 年首届鼎钧文学奖；

2004 年第二届华语文学传媒大奖·年度杰出成就奖、茅台杯·人民文学奖、法国“法兰西文化艺术骑士勋章”；

2005 年第十三届意大利诺尼诺国际文学奖；

2006 年日本第十七届福冈亚洲文化奖；

2007 年“福星惠杯”《十月》优秀作品奖；

2008 年香港浸会大学世界华文长篇小说奖；

2011 年因长篇小说《蛙》获第八届茅盾文学奖等。

莫言获奖后，很多人根本不知道莫言是谁。由此可见，莫言不是沽名钓誉、追逐名利的人，也说明纯文学创作这条路冷清得厉害。莫言是甘于寂寞的作家，要知道，他的佳作《蛙》获得了茅盾文学奖，居然还没有多少人知道。

获得大奖后，狂喜之后的莫言仍很淡定，他说：“高兴一个小时后，继续写作。”这么多年来，莫言就如他的名字一样，没有过多言语，默默地坚持着自己的写作工作，并力求用作品说话。

莫言成功的背后，可能有很多因素，但有一点是最重要的。那就是他在寂寞的写作中体验到了乐趣，悟出了文学的精华，这让他坚持了下来。只有战胜了寂寞，才能磨砺出经久不衰的好作品。

任何成功都是在孤独寂寞中诞生出来的。在职场上，谁能战胜心灵的寂寞，体验到工作的乐趣，谁就有可能在工作中获得更多的成功机会。寂寞是对心灵的洗礼，也是一种工作态度。身在职场，我们只有耐得住寂寞，才能冷静地思考人生的方向，才能正确看待自己的工作。只有静下来品味寂寞，品味工作的价值，你才会发现，自己的工作不但有很多乐趣，还更有意义。

成功只属于能够忍住寂寞的人。从古至今，但凡成就伟业的人，都是孤独寂寞的。但是这种孤独寂寞是暂时的，只要耐得住，挺过去就是艳阳天。没有孤独，没有痛苦，就不会有幸福和成功。“十年窗下无人问，一举成名天下知。”我们要想在工作中取得成功，就要耐得住孤独和寂寞，板凳能坐十年冷。

阿兰在读大学时，最怕的事情就是画画，她经常自嘲，说自己没有画画的天赋。没想到毕业十多年后，她不但是某中学的模范老师，还成为当地小有名气的画家。

十多年前，她从师范学院毕业，被分配到本市最偏僻的乡镇中学教书，全校就她和另外一名代课教师，教的是复式班。学校离家近百里，得先走10多里小路，再坐班车，中途还得转车。对于刚过20岁的女孩来说，这简直是一种折磨。

生活的苦，她都可以忍受，因为她本身就来自农村，但最难受的是孤独和寂寞。没有广播，没有电视，没有朋友，在漫漫长夜中，她经常是睁着眼睛想心事，想到以后自己就要与这种生活为伴了，她有点绝望，不知道该如何度过。

刚开始的几个月，寂寞的她每夜都是以泪洗面。后来，她也想明白了，分配到这儿，没有个三年五载，自己别想调走。既来之，则安之。她说服自己后，重新捧起书本来看，为排遣寂寞，她拿起了画笔。她想：“上学时我怕同学笑话我画得不好，现在没人笑话了，我何不敞开心来画。”

就这样，她除了做好自己的本职工作外，每天就用画画来打发单调的日子，一晃就是12年。12年，4000多个日日夜夜，孤独和寂寞成就了她，知识的积淀，生活的历练，厚积才能薄发，她有话要说，有思想要表达，她把自己对世事的观察、心灵的感受诉诸笔端，用画笔画出了她的生活。没想到不经意间，她就成了小有名气的画家。

有人说，画画不但让人不再寂寞，还能够从中得到异样的满足，让自己宣泄情感，变得自信，因为人从画画中会发现自己的优势，更重要的是，画画能让人脱离尘世，发现生活和工作的意义。自从学画以后，她的教学工作也取得了不错的业绩，并因此调入城里的知名中学。

两年前，她成功地在市里举办了画展。现在她的画升值很快，有许多人高薪聘请她去大公司做设计。市内一家大型杂志社多次邀请她去当美编，连家人也劝她辞掉教师工作，专职画画，因为这样会让她有不菲的收入。

但阿兰却拒绝了。她说："我当初学画，是因为自己教学工作的寂寞和清闲，让我有更多时间画画。迷恋上绘画后，我深深地感觉到，自己的本职工作是多么有意义，当我站在讲台上，看着同学们求知的眼神，看到他们听我讲课时那入迷的神情时，我恍然明白，这才是做教师的最大快乐。"

阿兰之所以能在绘画上有成就，是因为她在寂寞的教学工作上悟出了工作的道理，才让自己在教学工作中体验到了乐趣。如果当年她不用绘画压倒寂寞，或许就不会有今天的成就和快乐工作。

因此，身在职场，年轻人一定要耐得住寂寞，不能急于求成。耐得住寂寞，不是消极，也不是心灰意冷，更不是不思进取混日子，而是用淡然的心态看待一切，在力所能及的行为中，努力做好一切。成功不可能一蹴而就，一个人只有在工作上耐得住寂寞，才能有大局意识，才能不计较个人一时得失而尽心尽力做好工作；反之，只想在工作上讨巧，不能吃亏，只能上，不能下，心浮气躁，敷衍了事，这样的人是经不起生活中的风浪、受不了工作上的挫折的，也很难成大事。

5

经得起诱惑，坚守内心的忠诚

忠诚是职场的一个永恒的话题。没有人会无缘无故地背叛自己的老板和公司，而一旦发生背叛，那么这种背叛的动力来源自然是各种各样的利益诱惑。在人生的旅途中，诱惑时常与人相伴。诱惑一直潜伏在我们身边，在我们追逐自己的成功，实现自己的目标过程中，有多少人由于身边的名利诱惑而迷失了自我。面对诱惑，如果你冲着诱惑而去，那么不管你离诱惑有多远，都是危险的，都是在做把自己的人生“挂”在“悬崖”上的蠢事，而且随时都有可能把自己的人生葬入万丈深渊。所以，当面对诱惑的时候，你要做的是坚守内心的忠诚。

小李是一家公司的办公室秘书，能力出众，深受老板赏

识，因为经常和老板在一起，自然知道公司很多的商业机密。有一次，公司的一位合作伙伴请小李喝酒，席间，这位合作伙伴说：“最近我和你们老板正在谈一笔很大的合作项目，如果你能够把你们公司的一些机密资料告诉我，这将使我在谈判中掌握主动。”

“什么？你是说让我出卖老板的商业机密？”小李皱着眉头说道。

这位合作伙伴小声地对小李说：“这件事情除了你知我知，没有任何人知道，对你不会造成任何影响。”说完，便给小李一张十万美元的现金支票，小李欣然接受了，并讲出了公司所有的机密。

结果，在谈判中，小李的老板吃了很大的亏，公司损失巨大。事后，公司老板最终查出是小李泄露了公司的商业机密。原本有很大发展前途的小李不仅丢掉了工作，而且他得到的那十万美元也被作为赔偿款被公司没收。

人是一个不会轻易满足的物种，这也是人类得以前进和发展的动力源泉。然而，如果欲望控制不当，则会使人变得贪得无厌，从而道德沦丧，失去他人的信任。

一个人背叛公司，其实也就是背叛了自己，最终的结果就是走向失败。一个人要想跨进成功的大门，就必须有一张门票——忠诚。如果失却了忠诚，注定会毁掉前途。只有那些经得起诱惑、守得住操守的员工，才会永远忠诚、永远不背叛企业，才会因此获得企业给予他们的丰厚的回报。

忠诚是人类最宝贵的品质，是无价之宝。自古至今，人们都视忠诚为最高尚的美德。在对一些世界著名企业家的调查中，当问到“您认为员工应具备的基本品质是什么”时，他们无一例外地选择了忠诚。忠诚是公司选人的第一标准，忠诚的员工，最受公司欢迎。我们知道，现在许多企业招聘员工时，第一看重的不是能力，而是个人的忠诚度。因为能力是可以通过培养获得的，而要改变一个人的品行，却十分困难。

企业需要忠诚的员工，体现了对最珍贵的情感和行为付出的肯定。因为对企业的忠诚，员工才愿意尽心尽力、尽职尽责地为企业服务，并敢于承担一切。任何时候，忠诚都是企业生存和发展的精神支柱，也是企业的生存之本。

一个人最可贵的品质莫过于忠诚。但是，在这一点上，许多年轻员工却好像难以走出一个误区，他们认为，不论自己做什么工作，只要做好就行了，至于其他的因素可以不用考虑。这种想法显然是错误的。忠诚是员工的生存之道。对自己的企业忠诚，从某种意义上讲，就是忠诚于自己的工作。你是一个老板的下属，你就有义务忠诚于老板，因为老板给了你就业的机会；你在一个团队中担任某个角色，你就有义务忠诚于团队，因为团队给了你展示才华的空间；你和搭档共同完成任务，你就有义务忠诚于搭档，因为搭档给了你支持和帮助。总之，忠诚不是讨价还价，忠诚是你作为社会角色的基本义务，也是员工在职场上最好的名片。

克里斯开的这家汽车维修店，已经快20年了。由于他为人诚实，从不多收顾客一分钱。所以，他的店虽然名声很好，但是却没有像其他店那样赚到钱。

有一天，一个顾客在克里斯的汽车维修店修完车后，他自称是某运输公司的汽车司机。他对克里斯说：“老板，你能在我的账单上多写点零件吗？我回公司报销后，也有你一份好处。”

克里斯听后，立刻拒绝道：“对不起先生，我不能做这种违背自己良心的事情。”

顾客纠缠说：“你再考虑一下，告诉你，我的生意做得很大，你若答应了，我会经常来你店里修的，我的朋友也很多，为了回报你，也会把他们介绍到你店里来修，到时你肯定能赚很多钱。我想要不了多久，你就能……”

“对不起先生，我再说一遍，在我这里，是不允许有这种事情发生的。”克里斯尽量耐着性子打断对方。

顾客气急败坏地嚷道：“现在做你们这行的，谁都会这么干的，我看你是太傻了，要是你不改变自己这死板的理念，永远也别想发财。”

克里斯生气了，他不客气地说：“先生，请你马上离开，到别处谈这种生意去，我要工作了。”

就在这时，顾客露出微笑，并满怀敬意地握住克里斯的手，说：“我就是那家运输公司的老板，之前听人说过你的事情，一直不相信。今天，我彻底被你对工作的态度征服了，也放心了。你知道吗，几年来，我都在寻找一个固定的、信得过的维修店，你正是我要找的店，我今后会常来的。”

面对诱惑，克里斯并不怦然心动，不为其所惑。克里斯经受了诱惑的考验，也让自己的公司获得了收益和尊重。

忠诚是一个员工立身做人的根本准则！每个老板都会忠诚于自己

的事业，这一点是毋庸置疑的，他会将忠诚定位为公司的核心精神。想一想，一个人具有非凡的能力，却对公司不够忠诚，后果会是什么？答案只有一个：后果很严重，老板很生气。公司在选择人才的时候，忠诚和诚信往往是考察的首要因素。如果你经不起诱惑的考验，那么你也就难以得到老板和公司的信任，反而有可能被扫地出门，或被人拒之门外。

在竞争激烈的职场中，在这个充斥着诱惑的职场上，年轻人要想守住一份心爱的工作，就必须建立正确的职场观念。忠于职业、挡住诱惑，只有这样，才能让自己在职场中走得更好更远。

6

脚踏实地，好高骛远难成大器

当今社会是一个浮躁的时代，人们的心态普遍呈现浮躁的状态。或许是受潮流的影响，或许是受各种媒体鼓动与导向的作用，也或许是受利益的驱动，很多年轻人也是心浮气躁。很多人对成功都抱有急切的心态，总想着一夜成名一夕暴富，而正是这种浮躁成了通往成功道路上的绊脚石。因为他们忘记了脚踏实地才是通向成功的唯一捷径。

安康是华为的一名员工，他是踏踏实实工作的典型。其实，安康刚进华为的时候，公司正提倡“博士下乡，下到生产一线去实习、去锻炼”。实习结束后，领导安排他从事电磁元件的工作。堂堂的博士理应干一些大项目，不想却坐了冷板凳，搞这种不起眼的小儿科，安康实在有些想不通。

抱怨终归还是抱怨，工作还是要进行。就在安康接手电磁元件的工作后不久，公司电源产品出现了不稳定的现象，许多系统瘫痪，给客户和公司造成了巨大损失，公司因此丢失了5000万元以上的订单。在这种严峻的形势下，研发部领导把解决该电磁元件问题故障的重任交给了刚进公司不到三个月的安康。

在工程部领导和同事的支持与帮助下，安康经过多次反复实验，逐渐清晰了设计思路。又经过60天的日夜奋战，安康硬是把这块硬骨头啃了下来，使该电磁元件的市场故障率从18%降为零，而且每年节约成本数百万元。现在，公司所有的电源系统都采用这种电磁元件，时过近两年，再未出现任何故障。

解决电磁元件故障这件事对安康的触动特别大，他不无感慨地说道：“貌似渺小的电磁元件，大家没有去重视，结果我这样起初‘气吞山河’似的‘英雄’在其面前也屡次受挫、饱受煎熬，坐了两个月冷板凳之后，才将这件小事搞透。现在看起来，之所以出现故障，不就是因为绕线太细、匝数太多了吗？把绕线加粗、匝数减少不就行了？我们往往比较浮躁，一开始就只想干大事，而看不起小事，结果是小事不愿干，大事却干不好，最后只能在这些小事面前束手无策、慌了手脚。当年苏联的载人航天飞机在太空爆炸，不就是因为将一行程序里的一个小数点错写成逗号而造成的吗？电磁元件虽小，里面却有大学问。”

从这以后，安康又在基层实践中主动、自觉地优化设计和改进了100A的主变压器，使每个变压器的成本由原750元降为350元，每年为公司节约成本约250万元，并对公司的产品战略决策提供了依据。

这个故事启示我们：一个人做事必须切合实际，不能好高骛远。不切实际的想法，只能耽误时机。在我们的生活中，很多年轻人就常犯这种错误。有人这样说过：“无知与好高骛远是青年人最容易犯的两个错误，也是导致频繁失败的主要原因。”现代社会，许多人虽然内心充满了激情与理想，然而一旦面对平淡的生活和琐碎的工作，就变得无可奈何了。他们的期望总是很高，常常高谈理想与抱负，然而却都是纸上谈兵，一旦运用到实际当中，会输得很惨。

在任何时候，年轻人都不应该好高骛远，更不应该把目标设立得太空、太大，一旦目标太偏离实际，则无益于我们的成长和进步。心性高傲、目标远大固然有道理，但目标好像靶子，必须在有效射程之内才有意义。同时，也应该清楚地认识到，要想达到目标，绝不可以跳过过程而直奔终点，也不能舍弃细小而直达广大。如果仅仅是空怀大志，而不愿为理想的实现付出艰辛的努力，那么“理想”永远只能是空中楼阁，一文不值。

好高骛远的年轻人总认为自己很了不起，只能做大事，小事不值得去做。但是真正交给他大事后，却干得一塌糊涂，一事无成。事实上，这种好高骛远的表现往往会害了自己。任何事情都有其规律和顺序，宏大的目标应当以累积诸多小目标为基础。罗马不是一天建成的，成功也

不是一天就能取得的，一切都要脚踏实地、一步一个脚印地坚持努力下去才行。

刘海起初只是吉利汽车公司一个制造厂的杂工，他就是从在基层做好每一件小事的过程中获得成长，最后成为吉利公司最年轻的总领班。那么，对于这件很难做到的事情，他是怎么做到的呢？

刘海是17岁时进入工厂的。一开始工作，他就对工厂的生产情形做了一次全盘的了解。他知道一部汽车由制造零件到装配出厂，要经过多少个部门的合作，而每一个部门的工作性质都不相同。

他当时就想：既然自己要在汽车制造这一行做点儿事业，必须要对汽车的全部制造过程都有深刻的了解。于是，他主动要求从最基层的杂工做起。杂工不属于正式工人，也没固定的工作场所，哪里有零星工作就要到哪里去。刘海通过这项工作，与工厂的各部门都有接触，对各部门的工作性质也有了初步的了解。

在当了一年半的杂工之后，刘海申请调到汽车椅垫部工作。不久，他就把制椅垫的手艺学会了。后来又申请到焊接部、车身部、喷漆部、车床部去工作。不到五年的时间，他几乎把这个厂各部门的工作都做过了。最后他决定申请到装配线上去工作。

刘海的父亲对儿子的举动十分不解，他问刘海：“你工作已经五年了，总是做些焊接、刷漆、制造零件的小事，恐怕会耽误前途吧？”

“爸爸，你不明白。”刘海笑着说，“我并不急于当某一部门的小工头。我以整个工厂为工作的目标，所以必须花点时间了解整个工作流程。我是把现有的时间做最有价值的利用，我要学的，不仅仅是一个汽车椅垫如何做，而是整辆汽车是如何制造的。”

当刘海确认自己已经具备管理者的素质时，他决定在装配线上崭露头角。刘海在其他部门干过，懂得各种零件的制造情形，也能分辨零件的优劣，这为他的装配工作增加了不少便利，没过多久，他就成了装配线上的灵魂人物。很快他就升为领班，并逐步成为20位领班的总领班。

做杂工虽然是做小事，但是刘海并不好高骛远，而是从中获得对各部门的工作性质和工作环境的认识，为设计合理的职业路线打下基础。做椅垫是做小事，刘海却可以将做椅垫的手艺透彻掌握，等他晋升为管理者时，他会比其他没有接触过椅垫的人更懂得管理椅垫生产部门应该注意哪些问题。他利用在每一个部门埋头苦干做小事的机会多方面地去体验，对厂里的各部门做了深入的了解，发现了公司现有管理体制上的许多症结。虽然他仍是一个工人，但他的经验、见解，已超越了普通工人。换而言之，他已拥有领导全厂工人的能力和基础。他在踏踏实实做事的过程中所获得的成长是巨大的。

年轻人不要好高骛远，不要瞧不起身边的小事。我们应该明白，等待和积累的力量是巨大的。看看那些在事业上取得成就的人，他们无一不在忠实地履行日常的工作职责，在简单的工作和低微的职位上一步步走来。因此，年轻人千万不要再夸夸其谈，不要让好高骛远束缚了自己

的手脚。只有通过每天工作的完成，积累经验，将每一件小事做好的人才能成就大事，实现理想。

一位哲人说过：“浮躁会导致我们更加盲目行事，脚踏实地则更容易成就未来。”年轻人踏实苦干才是唯一的出路。

事业发展是一个过程，绝非一蹴而就的事情。“不积跬步，无以至千里；不积小流，无以成江海。”成功是靠一步步的进步累积而成的，就像造一座大厦，需要一块砖一块瓦地往上垒，没有谁可以造出空中楼阁。相反，如果地基打不好，即便上面再牢固，也是要倒塌的。年轻人想凭侥幸、靠运气获取丰硕的果实，那无异于守株待兔，吃亏的还是自己。所以，踏实些、认真些，从小事做起，从一点一滴做起，积累自己的经验，摒弃心浮气躁，让踩出的每一步都更坚实更有力，只有这样才能成就自己的事业。

积极进取完善自己，不被辜负的青春才有意义

在今天这个日新月异的时代，青春是蓬勃向上、积极进取的象征，是奋斗的黄金时期。珍惜现在的时光，努力学习科学文化知识，成为一个具备优秀职业技能的员工，这样才能做好工作、创造财富，才能不辜负青春的时光。所以，为了跟上时代的步伐，年轻人必须保持终身学习的心态，不断提高自身的综合素质。

1

做好职业规划，积极学习专业知识

职业规划是指个人发展与组织发展相结合，对决定一个人职业生涯的主客观因素进行分析、总结和测定，确定一个人的事业奋斗目标并选择实现这一事业目标的职业，编制相应的工作、教育和培训的行动计划，对每一步骤的时间、顺序和方向作出合理的安排。对年轻员工来说，有一个合适的职业规划才能更好地发展自己。

职业规划要求你根据自身的兴趣、特点，将自己定位在一个最能发挥自己长处的位置，可以最大限度地实现自我价值。职业规划实质上是追求最佳职业生涯的过程，一个人的事业究竟向哪个方向发展，他的一生要稳定从事哪种职业类型，扮演何种职业角色，都可以在此之前作出设想和规划。

良好职业规划有四大特点：第一，可行性。设计要有事实根据，不是“幻想”；第二，适时性。设计是预测未来，因此各项主要活动何时实施、何时完成，都应该有时间上的安排，并不断检查；第三，适应性。牵扯到多种可变因素，因此应该有弹性，以增加其适应性；第四，持续性。人生的每个发展阶段都应能连贯衔接。

王婧因为成绩优秀，所以被学校以交换生的身份派到国外去留学，还是继续攻读自己的本专业“电气自动化工程”。一年的本科课程结束后，由于考虑到在国外待的时间较短，不论在知识还是能力上都没有太大的提高，所以王婧选择攻读硕士。在攻读硕士期间，除了努力补充自己的专业知识外，王婧开始有意识地寻找一些工作的机会。她的目标非常清楚，“一是与自己的专业相关，二是公司要在国内有分公司”，这样的工作岗位可以充分发挥自己跨文化交流的优势，而且毕业后如果能被正式录用，还能申请回国工作。目标确定之后，王婧通过朋友、网络等方式，开始时刻注意这方面的消息。功夫不负有心人，临近硕士毕业的时候，正好有一家公司的跨国事业部招人，王婧非常轻松地通过了面试。在国外，技术人员毕业后办理就业签证比较容易，所以毕业后王婧顺利留在国外工作了两年。两年后，公司正好准备扩大在中国的投资，于是总部派她到国内负责统筹工作。王婧的目标实现了。

可以说王婧的每一步的成长，完全在她的计划之中。正是由于王婧提前做好了职业规划，所以才能在学习和工作中都处变不惊、有条不紊。在职场中，提升自身的综合素质才能得到不断的发展。一个愿意通过学习来提升自己能力的人，最终会获得职位上的升迁和事业上的成功。不过，文化素养的提升是一个长期的过程，不仅需要企业利用各种途径提高员工的科技文化素质，更需要每一个员工积极完善自己的职业规划，自我学习，提升素质，增强能力。

未来的职场竞争将不再是知识与专业技能的竞争，而是学习能力的竞争。随着知识、技能的折旧越来越快，不通过学习、培训进行更新，适应性自然越来越差，而领导又时刻把目光盯向那些掌握新技能、能为公司提高竞争力的人。一个人如果善于学习，他的前途会一片光明，他在企业中的地位就会更加稳固，就会越来越受到领导的重视。

美国职业专家指出，现在职业半衰期越来越短，所有高薪者若不学习，无需 5 年就会变成低薪者，而就业竞争加剧是知识折旧的重要原因。据统计，25 周岁以下的从业人员，职业更新周期是人均 1 年零 4 个月。当 10 个人中只有 1 个人拥有一个专业证书时，他的优势是明显的，而当 10 个人中已有 9 个人拥有同一种证书时，那么原有的优势便不复存在。未来社会只会有两种人：一种是忙得不可开交的人，另外一种是找不到工作的人。所以，不懈怠地学习才是百战百胜的利器。

"80 后"的小杜原先是一名小区保安，后来进了一家服装公司。在此之前他其实对服装一窍不通，进了公司只是负责跑跑腿、送送货。小杜知道自己是新人，应该更努力才行。因此，只要是累活、重活他都包了，别人叫他去哪儿就去哪儿，没有一句怨言。

小杜在工作中非常注意学习，从对服装一无所知，到开始了解服装制作的流程，服装各个部位的叫法，还有辅料的用法，面料的采购地等。他把学到的东西都一一地记在一个小本子上，没事时就拿出来看一看、记一记，因为他想做公司里的业务员。

小杜的想法被公司同事知道后，引来了一片质疑声，他们告诉小杜做业务没有那么简单，必须具备服装方面的专业知识，还要有经验，不是一天两天的事。不过小杜并没有因此放

弃，还是按着自己的想法默默地学习。他没事就看一些服装方面的书，了解各种面料、辅料的价格，为了自己的目标一点一滴地积累着。

半年之后，小杜接到了一个定做50件工衣的询价电话。在电话里，小杜用自己学到的专业知识，打消了对方的顾虑，顺利地拿下了这笔订单。虽然是个小单子，但是对小杜来说，却是走出了梦想的第一步。

于是，理所当然地，打杂的小杜被升为业务员。小杜更有信心了，他暗暗地告诉自己，一定要做得更好。

在工作中，很多人本来有扎实的基础，但由于疏于学习，不求上进，最终走向平庸。相反，另外一些人，刚开始在工作中表现得可能并不十分出色，但是因为他们有强烈的求知欲，勤于学习，不断进取，凡事都追求精益求精，结果，这些人在事业上最后都取得了很大的成功。

无论做什么事，如果我们不继续学习，就无法取得生活和工作需要的知识，无法使自己适应急剧变化的时代，我们不仅不能做好本职工作，反而有被时代淘汰的危险。面对新的竞争环境，“持续学习”成了未来社会每个人生存和发展的必需，只有不断更新自己的知识结构，才能在这个瞬息万变的环境里生存下去。如果你想成为职场的精英，就更需要发奋努力、刻苦学习，使自己早日变成一个优秀的人。我们勤于学习意味着不仅要把学习作为掌握知识、增强本领的重要手段，更要把学习作为一种工作责任、精神追求和思想境界来认识、对待。

赵玉既没有任何国外留学经历也没有任何海外工作经验，却坐到了某IT跨国公司大中华区经理的位置。究其原因，就是赵玉善于学习，及时给自己充电的结果。

在去这家跨国公司就职之前，赵玉曾经在国内某大型软件公司工作过。赵玉在上一家公司任职时，他深知自己的短板，那就是英语能力相对较差。对于IT行业来说，英语还是相对比较重要的，于是赵玉在空闲时就很自觉报班学习英语。几个月后，等来了一次升职机会，但在表决大会上有人却提出异议："他连英语都不会说，以后怎么与人交流!"而赵玉却毫不含糊地回答："一个月后你来听我的工作汇报，我一定让你们刮目相看!"果然，一个月后，当赵玉操着流利的英文为大家汇报工作时，大家都惊讶得哑口无言。赵玉则笑着说："幸好我提早有所准备，否则我再聪明，也来不及'临时抱佛脚'了。"就这样他顺利地获得了晋升机会。升职后他也没有懈怠，在不断强化英语的过程中还在尽力地学习德语、法语这两种语言。因为他们公司最新引进的合作项目都与欧洲有着密切的联系。终于几年后赵玉凭着娴熟的技术和流利的多国外语表达能力被这家著名的跨国公司看中，最终成为了该公司中国区域总裁。

不得不说赵玉的成功都源于他的不断学习积累。坚持学习，这是每个职场人应具备的意识。如果你既想"往上爬"又不想主动学习新知识，所谓"强中自有强中手"，那么就会有原本条件不如你、但因后天的努力充电而实力超过你的人走在你前面，而你只能眼睁睁地看着人家抢走那把"交椅"或被上司捧在掌心，后悔莫及。

一个出色的年轻员工，必定是一个善于学习的员工。有强烈进取心的年轻人是永远不会忘记学习的，因为他们明白，职业生涯的每一个驿站，都需要不断学习来面对下一个冲刺。不学习，就会被淘汰；不学习，就会被抛弃。所以，年轻人要想有一个更加灿烂的未来，唯一的选择就是积极学习！

2

干一行爱一行，成为岗位中的能手

干一行爱一行是一种优秀的职业品质。尤其是在社会高速发展且人心浮躁的今天，敬业精神越来越显得重要了，干一行爱一行尤为可贵。一个人只有在一个行业领域，不断钻研、进取，才能把这个行业做好，做得更具特色，更具专业水准。这不仅是职业的原则，也是人生的信条。试想，一个人连自己的工作都不热爱，又怎么能做好自己的工作呢？

只有干一行爱一行，真正沉下心去，才能做出成绩。热爱是最好的教师，这话已经是耳熟能详的名言。职场生涯中，我们无法挑选工作，无法选择上司，也无法选择能够给予最佳配合的同事，更无法挑选不苛求的客户。这样的境况下，如果退缩和放弃就没有任何出路，我们只有热爱工作，才能获得成就，得到成长。

全国劳动模范窦铁成只有初中学历，但他凭着自己的努力，最终成长为“企业的王牌员工”，被认为是现代产业工人的楷模。在铁路电气和变配电施工的技术方面，窦铁成被称为“问题终端解决机”。许多问题，他不需要去现场，只要听人讲解大概情况，就能很快找出“症结”所在。

窦铁成能练成这样“出神入化”的技术本领，与他的“干一行，爱一行，通一行”的努力与刻苦是分不开的。窦铁成坚信一个人可以没有文凭，但不能没有知识和技能，参加工作后不久，窦铁成买来《高等数学》《电工学》《电磁学》《电子技术》《电机学》等书籍，开始了艰难的自学。60 多本、百余万字的工作学习日记是他孜孜不倦学习的见证。从一个普通的电工成长为高级技师，其间付出多少努力，也许只有窦铁成个人才清楚。

2006 年 7 月，窦铁成参加浙赣铁路板杉铺牵引变电所施工工程。这个变电所是浙赣铁路规模最大、技术含量最高的变电所。施工过程中，变电所的变压器引入导线设计要求为铜板双导线，但国内没有这种产品，交工日期已经逼近，大家把目光投向了老窦。连续 5 个晚上，他在宿舍写写算算，反复推敲。5 天后，“简化结构，保证功能”的产品加工方案“出炉”：利用现场既有的铜排、铜螺栓等材料，加工制作出符合技术和功能要求的全铜间隔棒，完全达到技术指标。后来，该技术在 900 多公里的浙赣线电气化改造工程中迅速推广，节约成本 4 倍多。由他负责安装的 45 个铁路变配电所，全部一次性验收通过，一次性送电成功，获得“优质工程”称号。参加工作 30 年间，他提出实施设计变更、解决技术难题、排除送电运行故障，为企业挽回经济损失及节约成本 1300 多万元。从一名只有初中文化的农村青年，成长为给企业创造上千万元效益的

电力专家，窦铁成以30年的不懈努力，实现了人生的跨越。

职场中的每个员工都应该向窦铁成学习，做一名干一行爱一行的员工。在工作中，干一行爱一行实质上就是一种对事业高度负责的精神，它不仅是工作作风的内在要求，更是精神品格和人格魅力的外在表现。只有个人责任心强了，企业的战斗力和竞争力才能够得到有效提升。

社会上许多知名的企业家和优秀的职场精英，他们也许没有上过大学，却做出了非凡的贡献，甚至取得了超出常人的成就。原因何在？就在于他们在工作中干一行爱一行。对他们来说，工作岗位就是大学，岗位正是自己获得不断进步和提高的支点。因为在学校学习的多为理论性知识，缺乏实践的指导性，参加了工作才知道一切还需从零开始，每一个岗位都是学习的良好机会。假若你学有所成，并在自己的工作中表现出来，你必然会受到企业的注意和重用。所以，我们要干一行爱一行。

巴黎一家五星级大酒店有个小厨师，长得并不英俊，憨憨的，谁都可以说他两句，他都照单全收。他没有什么特别的长处，做不出什么上得了大场面的菜，所以他只在厨房里打下手。但是他会做一道非常特别的甜点，将两只苹果的果肉都放进一只苹果中，那只苹果就显得特别丰满，可是外表上看，一点儿也看不出是两只苹果拼起来的，就像是天生那样子长的一般。同时果核也被他巧妙地去掉了，吃起来特别香。

这道甜点被一位长期包住酒店的贵妇人发现，她品尝后，十分欣赏，并特意约见了做这道甜点的小厨师。贵妇人虽然长期包了一套最昂贵的套房，一年中也只有不到一个月的时间在这里度过。但是，她每次到这里来，都会指名点那道小厨师做的甜点。

酒店里年年都要裁去一定比例的员工，经济低迷的时候，裁员的规模会更大。不起眼的小厨师却年年风平浪静，就像有特别硬的后台和背景。后来，酒店的总裁告诉小厨师，那位贵妇人是他们最重要的客人，而他是酒店里不可或缺的人。

面对日益激烈的市场竞争，不仅企业寻求着变革与创新，时代也要求员工能干一行爱一行，成为“专家型”“知识型”的岗位能手。一个员工存在的价值，就是为企业在激烈竞争的条件下创造更大的效益。你的能力别人没有，这就是你在职场存在的理由，这就是你能够安身立命的资本。所以，作为年轻员工一定要熟练掌握一门技能，成为岗位能手。否则，你在职场中就是可有可无的人，只能做什么人都可以做的事情，说不定什么时候就被别人顶替掉了。

岗位能手往往掌握着企业的核心竞争力，所以岗位能手一旦流失，企业将损失惨重。成为企业的岗位能手对于年轻人来说是至关重要的，往大了说，它可以实现我们的人生价值，往小了说，它可以提升我们在公司中的地位，为我们带来丰厚的收入，也为我们的职业生涯提供助力。

不过，企业的岗位能手并不是天生的或者不变的，只有在不断地学习中，员工才能成为真正的岗位能手，为企业的成长保驾护航！因此，年轻员工要干一行爱一行，下决心掌握自己职业领域内的核心技术和关键技能，使自己变得比他人更精通、更专业。

干一行爱一行，干就得干出个名堂；干一行爱一行，我们也能实现梦想！

3

刻苦钻研，学习工作中的新知识、新技术

对年轻员工而言，除了持续学习不断提升自己的职业能力之外，没有其他通往幸福的路径，任何既定的条件、资源、环境、诉求都会发生变化，只有学习力是唯一永久有效的人生保障。坚持在学习中工作、在工作中学习，做到理论与实践的统一，善于发现和总结工作中的新做法、新经验，以点带面，推进工作，进而不断提高服务能力和服务水平是工作的现实要求。

每一个老板都希望自己的职员能非常熟悉和了解业务知识，这样才能确保开展工作时得心应手。因此，我们必须具备丰富的知识，才能完成领导交给自己的工作。

刘小姐大学毕业后就在一家外资企业做人事助理，工作出色，经常受到领导的夸奖。但是，从和领导的沟通中，她也了解到领导觉得她在理论知识上还需要努力一下。于是，聪明的刘小姐立即心领神会，在完成领导交代的任务的同时，还在业余时间里参加了人力资源管理的培训班。在不影响本职工作的前提下，她认真学习这方面的知识，几乎每节课都能准时参加，每次都能够仔细地做笔记，还经常就疑难的地方请教培训教师，并在工作中灵活地运用所学知识。终于功夫不负有心人，刘小姐后来升为人事专员，让周围的同事羡慕不已。

如果让老板感觉到你总是能完成更多、更重的任务，总是能很快掌握新的技能的话，相信你在他的心目中肯定会有一席之地。刘小姐的晋升成功很能说明一个问题，晋升不是不可能，关键看你懂不懂得方法，能不能切中晋升的要害。作为人事助理的刘小姐，职位上升空间很大。她能出色地完成领导交给的本职工作，为职业晋升打下了坚实的基础。如果不能很好地完成本职工作，是不可能在企业中生存下去的，又何谈发展？在这个基础上，刘小姐抽出宝贵的业余时间来参加和职业发展密切相关的培训，并能很好地消化所学的知识，做到学为所用，实际上无形中缩短了她的晋升之路。丰富的工作经验，优秀的业务技能，再加上相关的资质提升决定了她晋升的成功。

在未来激烈的市场竞争中，许多年轻人在企业坐稳“交椅”后，就安于现状，不思进取，或按部就班地等待升迁。切记，机会只垂青刻苦努力的人。工作本身就是最好的进修，也会带来提升的机会。

王卿是一家公司的炼油工。熟悉王卿的人都说，王卿这个女孩子脑瓜特快。其实，在聪明能干的背后，完全是王卿的勤奋好学在支撑着。平常上班的日子里，她与同年龄的工人相比所表现出来的不同，就是特别乐意学习和摸索。“坐着玩儿也是一天，认真做工作也是一天，那还不如好好学习呢，其实好好工作很有意义也很有意思。”

她在工作上肯下功夫的劲头儿，给车间的同事都留下了很深的印象。别看她是个女孩子，可在装置上爬上爬下的，丝毫也不输于男同事。即使是很小的一个阀门，为了彻底弄明白，不管塔有多高，她也会爬上塔顶，自己全部看清楚了才算数。

如何操作装置才能安全平稳，产品的合格率和验收率才高？她在操作的过程中，脑子里时刻不停地琢磨这些貌似多余的问题。有时主任或技术员就某个事给她一个指令，她在执行的同时，总是要想想为什么要这样做，如果是自己面对这样的问题又该怎样办。当她的想法和领导布置的指令有出入时，她总会跑去问个究竟：为什么这样做，而不是那样处理呢？赶上装置遇到一些突发事件，即使自己当时未当班，过后她也一定要弄个明白才罢休。她会从电脑上调出装置那个时段的趋势图，分析当时的情况和原因，做出自己的判断，然后再和领导的决策相对比，从中揣摩并积累经验。渐渐地，好学多问，刨根问底成了王卿的习惯。

一次，车间领导问她："加氢反应全都是放热反应吗?"她不假思索地回答："全都是。""再仔细想想吧。"被别人叫出去的领导临走时说。放到许多人身上，答案正确与否也就算了。但王卿不。为了搞清楚这个问题，她找来许多的专业书，自己找答案，不断地翻、查……终于，她在书上看到了这一句：加氢大部分是放热反应，但蜡分子的异构化反应是吸热反应，所以加氢整体表现出来的是放热反应。合上书，她恍然大悟，觉得自己又学了一招儿，心里那种高兴劲儿难以形容。

用心学习的结果，使王卿迅速成为车间的操作尖子。

在日常工作中，年轻员工必须保持充足的干事热情，学习新技术新知识。21 世纪是一个以知识、智力和创新能力为基础的知识经济时代，知识转化为能力才有用，能力作用于知识才有力量。在企业中，无论是管理者还是员工，只有在掌握知识的前提下，学以致用，才能为企业发展提供坚强的能力保障。

科学技术就是第一生产力，对于个人而言，先进的科学技术是我们取得成功的重要资本，也是我们实现梦想、获得发展的坚实基石。比尔·盖茨、乔布斯、杨致远、张朝阳、马化腾、李彦宏以及“脸谱”创始人扎克伯格，哪一个不是科技造就的时代英雄？科学技术就是第一生产力，要发展企业生产，要壮大企业规模，员工要实现自我价值，熟练掌握先进的科学技术都是必要的前提。所以，每一个员工都应当立足自己的岗位，努力学习和掌握先进的科学技术，提高自己的科学技术和技能素质，成为一个掌握现代高科技和具有高技术水平的青年员工。

只有不断地学习，才能更好地驾驭自己的人生。通过学习，补充自己的不足，不断充实自己，方能抓住有利的时机，创造自己的奇迹。社会在改变，知识也在不断更新，那些躺在原有知识的基础上睡大觉的人，必定会被不断学习的人超过。因此，学习工作中的新知识、新技术，不仅是岗位工作的需要，也是员工的义务和责任，更是员工自我发展的重要前提。只有技术熟练、能力高强的员工，才是企业最需要的人，也才能使自己脱颖而出，取得自己的职场成功。

4

放下面子，虚心学习竞争对手的经验和长处

身在职场，竞争激烈，每个人都希望超越竞争对手一步，这样前途才会一片光明。那么如何超越竞争对手呢？唯一的答案就是向他们学习，取人之长，补己之短，借鉴竞争对手成功的经验，吸取他们失败的教训，全面提高自己的综合竞争实力。

一位资深体育教练曾经这样说过：“竞争对手是每个运动员最好的教科书，谁要想战胜竞争对手，谁就得向竞争对手学习。”同样，员工就必须懂得向竞争对手学习的道理，这样不仅可以取长补短，完善自我，而且还能够最大限度地发挥自己的优势和长处，最终超越竞争对手，为自己提供最大的提升空间。

李先生是一位优秀的企业家，16 岁时进入一家公司工作，当时与他共事的都是富有经验、资历较深的老员工。李先生年纪轻，资历浅，经常受到老板训斥，受到老员工轻视，处境非常不妙。但聪明的李先生没有畏惧退缩，他把挨训和慢待当做机遇，总是力求从中学会一点东西，知道一些事情。有了这样的决心，李先生在面对老板和老员工时，不再像老鼠见了猫一样惊慌逃走，而是主动上前，躬身行礼并谦虚地招呼说："我难免有做不到的地方，请多指教!"碍于情面，老板和老员工们不再摆架子，而以前辈的风度指出他应该注意和改正的地方。李先生洗耳恭听，然后立即按照他们的指导改正自己的缺点，以求做得更好。功夫不负有心人，两年后，老板对他说："通过长期考验，我看你工作勤恳能干，善于向他人学习，从明天起，你就是公司的部门经理了。"李先生当时只有19岁，却战胜了公司里许多老员工，成为最年轻的经理，他的成功是由于他敢于虚心向竞争对手学习，创造并把握住了学习机会。

先师孔子教导我们：三人行，必有我师焉；择其善者而从之，其不善者而改之。意思就是，许多人在一起走路，其中一定有人值得我学习。两千多年前，先师孔子已经总结出了这样的人生哲理，对我们今天的职场打拼，仍然具有重要的指导意义。

职场处处有老师，聪明的年轻员工总是善于拜师，取人之长补己之短。他们甚至以不拘一格的形式来学艺，从懒惰的人身上学习勤快，从刻薄的人那里学习宽容。他们拜一切人为师，每天都在一点一滴的进步和完善。职场中任何一位员工，尤其是经验丰富的老员工，总有许多值得学习的经验和长处。一个优秀的员工，总是善于学习这些经验和长处，并在这些经验和长处的帮助下迅速地成长起来。俗话说：尺有所短，寸有所长。取人之长，补己之短，是聪明人惯用的成功之术。

职场如战场，在工作中，人与人之间的竞争更加激烈。不学习，就会落后。"金无足赤，人无完人"，没有人是全能天才。每一个人的天资和禀赋不一样，擅长和喜好也不相同，每个人都会有所长，也会有所短。而且每一个人的能力和精力都是有限的，即便再勤奋努力的人，也不可能把所有的知识、技术都学会，都熟练，都精通。所以在工作中要养成多问多学的习惯，才能让自己不断进步，迅速成长。

马晓明毕业后没多久，就幸运地应聘到一所知名的职业学校做办公室的文职人员，主要负责起草文件、对外宣传等工作。同一办公室里还有其他三位同事。校长在场时，大家都表现得工作很投入的样子。校长不在时，同事们就精神放松下来，在微机上玩玩游戏，侃侃奇闻轶事等。马晓明因为初来乍到，很有自知之明，没有随大流，而是一有空闲，就想一想领导交办的事情有没有未办妥的，自己还欠缺哪方面的知识，然后抓紧时间进行充电。自己学习时有不懂的地方，也虚心向大家学习，从来没有觉得问别人有什么不对。大家也都喜欢他的勤学精神，愿意教给他。

正是由于马晓明的用心，他为自己的未来增添了色彩。马晓明在学校干了四年，第一年做的是普通职员，第二年升任办公室副主任，第三年由副主任转为正主任，第四年出任校长助理。由于学校实行的是岗位工资，马晓明也由当初的每月几百元，升至现在的月收入上万元。

作为一个员工，时时刻刻都要面对方方面面的竞争，比如同事、领导、下级以及同行业的员工，这些都是你目前和潜在的竞争对手。面对如此众多的竞争对手，你必须拥有向他们学习的勇气，从而借鉴他们成功的经验，或探究他们失败的原因，以防自己再犯与竞争对手同样的错误。

能继续保持主动学习态度的人是不断进步没有停顿的。他们一步一步随着岁月踏实地发展，经过一年就积累一年的实力，经过两年就积累两年的实力。这种人才是真正的“大器晚成”。在工作中，今天你可能是一个价值很高的人，但如果你故步自封，满足现状，明天你的价值就会贬值，被一个又一个智者和勇者超越。今天你可能做着看似卑微的工作，人们对你不屑一顾，而明天，你可能通过知识的丰富和能力的提高以及修养的升华，让人刮目相看。因此，不懂就问没什么可耻的，不懂不问只会让自己永远无知，才最为可悲。所以工作中要善于学习，多问多学多思多做，让自己不断进步，才能让自己越来越优秀。

5 修炼完美技艺，成为具有“工匠精神”的员工

工匠精神是指工匠对自己的产品精雕细琢，精益求精的精神理念。对现代工人来讲，工匠精神就是对所做的事情和生产的产品精雕细琢、精益求精的工作态度；对制造的一丝不苟，对完美的孜孜追求，不但专业而且专注；不以工作为赚钱工具，对工作执着、对所做的事情和生产的产品追求极致的精神境界。

工匠精神的关键是精益求精；核心是不断创新。所以其关键内核就是精益求精，不断创新。工匠精神其实质就是现代企业人的信仰及对信仰的坚守。工匠正是呈现这种精神的载体，他们以炉火纯青、登峰造极的技艺，以一丝不苟、精益求精的工作态度，以孜孜不倦、精雕细琢的职业精神，见证着平凡中的崇高与伟大，谱写了人生辉煌的乐章。

胡双钱，上海飞机制造有限公司高级技师。工作30多年来，创造了打磨过的零件百分之百合格的惊人纪录。在中国新一代大飞机C919的首架样机上，有很多胡师傅亲手打磨出来的“前无古人”的全新零部件。胡双钱说，曾经碰到一个零件要100多万元的，为啥？它是精锻出来的，一个零件上有36个孔，大小不一，孔的精度要求是0.24毫米，约三根头发丝粗细。他仅用了一个多小时，将36个孔悉数打造完毕，一次通过检验。这再一次证明了他“金属雕花”本领的出神入化。胡双钱是一位拥有非凡技术的匠人，至今，他都是一名工人身份的老师傅，可这并不妨碍他成为制造中国大飞机团队里必不可缺的一分子。

孟剑锋，国家高级工艺美术技师。APEC会议上，外国嘉宾们参观“国礼”，其中一位发现了一只果盘上搭着一块银白的丝巾，下意识地伸手去摸，却发现那块丝巾和盘子是“长”在一起的。这个纯银丝巾果盘，是孟师傅在只有0.6毫米的银片上，经过上百万次的精雕细琢才打造出的。制作这样一块光闪闪的“丝巾”，需要从不同角度上百万次錾刻敲击。为了用银丝做出支撑果盘的四个中国结，需要反复将银丝加热并迅速编织，银丝快速冷却变硬无法弯曲，通过无数次尝试最终才取得成功。此外，航天英雄、奥运优秀运动员、汶川地震纪念等奖章都是出自孟剑锋之手。

高凤林，航天科技集团运载火箭技术研究院特种熔融焊接工。35 年专注火箭发动机焊接工作，被称为焊接火箭“心脏”的人。130 多枚长征系列运载火箭在他焊接的发动机的推动下顺利飞入太空，其中就有送嫦娥卫星去月球的长征三号甲系列火箭。0.08 毫米，是高凤林焊接生涯里挑战过的最薄纪录。30 多年来，他几乎都在做着同样一件事，即为火箭焊“心脏”——发动机喷管焊接。有的实验需要在高温下持续操作，焊件表面温度达几百摄氏度，他都咬牙坚持，双手被烤得鼓起一串串水泡。曾有人开出“高薪加两套北京住房”的诱人条件给高凤林，但他却说，“我们的成果进入太空，这样的民族认可的满足感用金钱买不到”。对待自己的作品，就像艺术家对待艺术品一样，这样的精进态度，何尝不是工匠精神的体现？

张冬伟，沪东中华造船集团焊工。殷瓦焊是世界上最难的焊接技术，殷瓦板像牛皮纸一样薄，一条 LNG 船上的手工焊缝长达 13 公里，一个针眼大小的漏点，都有可能带来致命后果。但是他的焊接技术不但质量百分百有保障，外观上也完美无缺。

宁允展，南车青岛四方机车车辆股份有限公司高级技师。他是 CRH380A 的首席研磨师，是中国第一位从事高铁列车转向架“定位臂”研磨的工人，被同行称为业界“鼻祖”。从事该工序的工人全国不超过10人。他研磨的转向架装上了644列高速动车组，奔驰8.8亿公里，相当于绕地球22000圈。

周东红，中国宣纸股份有限公司高级技师。经周东红手捞出晒成的宣纸，每张重量误差不超过1克。30年来，周东红始终保持着成品率100%的纪录，他加工的纸也成为韩美林、刘大为等著名画家及国家画院的“御用画纸”。

管延安，港珠澳大桥钳工。管延安每次工作都要进入完全封闭的海底沉管隧道中安装操作仪器。按规定，接缝处间隙误差要小于1毫米，而他却能做到零缝隙。只有初中文化的他，全凭自学成为这项工作的第一人。他所安装的沉管设备，已成功完成16次海底隧道对接。

顾秋亮，中国船舶重工集团公司第702研究所装配工。载人潜水器有十几万个零部件，其组装对精密度要求达到了“丝”级，在中国，能实现这个精密度的只有顾秋亮。成功把“蛟龙”送入海底后，他的新挑战是组装中国首个完全自主设计制造的4500米载人潜水器。

上述八位“国宝”级工匠，他们可敬可歌的事迹，足以印证他们完全有资格成为工匠精神当之无愧的代言人。中央台《大国工匠》节目选取了高凤林、孟剑锋、顾秋亮、胡双钱、张冬伟、周东红、宁允展、管延安八名奋斗在生产第一线的杰出劳动者，他们以高超的技艺、精湛的技术、敬业的品德和灵巧的双手，在平凡的岗位上做出了不平凡的业绩。他们中有的文化水平并不高，从事的行业也不是很起眼，但在他们身上，我们看到了他们技术的炉火纯青、登峰造极，品质的高尚与伟大。他们将毕生岁月奉献给了一门手艺、一项事业、一种信仰，他们在自己平凡的岗位上雕琢自己心中伟大的中国梦。在他们身上，我们看到了“工匠精神”的体现。

在中华五千年历史中，曾出现过像鲁班这样的大师级工匠，也有建造出故宫这种世界奇观建筑的工匠，这说明中华民族的基因里，的确有工匠精神，作为职场人我们要做的是挖掘工匠精神，并持续不断地延续和传承下去。

在这个充满变革的知识时代，企业需要具有工匠精神的员工。众所周知，世界500强企业是世界上最具有竞争力的企业，同样，世界500强企业员工也是世界上卓越员工的代表。他们头顶上罩着令人羡慕的光环，他们自信，总以神采奕奕的形象示人；他们荣耀，为自己的企业骄傲，企业也为拥有这样一群优秀的人才而自豪；他们成功，500强企业出色的业绩、强劲的竞争优势全部由他们创造。那么，到底是什么造就了世界500强企业员工的辉煌呢？是卓越的工作理念、强劲的工作势头、卓绝的执行力，凝聚为一种精神，而这种精神就是“工匠精神”，这些能力正是“工匠”们所具有的能力。这些能力并非遥不可及，平凡的你我也能练就这样一身硬本领。如果你觉得自己还不够优秀，或想进一步提升自己的业绩，那么办法只有一个，就是传承工匠精神，练就工匠技艺。

作为一个制造业大国，虽然社会浮躁，但我们年轻人绝不能忽视工匠这种精神的存在。大凡真正的匠人，一定是拥有顶尖技术的一线技术工人，有着旁人难以替代的技术水准。不可否认，现如今标准化、机械化大生产越来越普遍地应用于制造业，但是，在某些极精密和复杂的领

域里机器并不能完全替代人，如 LNG 船上的“缝制”钢板任务，就不可能使用机械进行批量操作，只能依赖技术人员精细地焊接，并且不能出现一个漏点。

因此，年轻员工不仅要善于学习工匠精神，还要练就完美的技艺。在工作上，要想在激烈的竞争中占有一席之地，首先要有一些自己有而别人没有的强项。在 21 世纪激烈的竞争中，我们无处退缩。个人之间、企业之间、国家之间的竞争已经跨越国界，胜利者与失败者的区分变得更为清晰，唯有专业技能优秀的员工才能在全球化经济社会中站稳脚跟。

作为年轻员工，传承和发扬工匠精神不仅是生存和发展的需要，更是生活精彩、人生出彩的宿命所归。年轻员工应树立终身学习的理念，天天向上，不断超越，永不满足；勇敢面对工作中的困难和挫折，在工作中铸练技能，在工作中铸造个人品牌，从而谱写人生华美乐章。

6

用业余时间充电，不让青春虚度一分一秒

《论语》上说：“学而时习之，不亦说乎。”可见学习是人生最大的快乐。善于学习才能不虚度青春。在企业中，无论是管理者还是员工，都要不断学习，不断充电。

对年轻员工来说，自我充电就是提升自我能力和价值的最好方式。

因此，利用业余时间学习是不断提高自己的阶梯。学习的目的不是为了追求高学历，而是不断提高自己的能力。一个愿意通过学习来提升自己能力的人，最终会获得职位上的升迁和事业上的成功。

2006年，两个年轻的大学生同时应聘到一家公司，一个是名牌大学毕业的高材生小王，另一个是普通大学毕业的小赵。因为他们都是刚刚参加工作，没有什么经验，所以，公司安排他们从基层干起。尽管他们担任的职位差不多，但起薪有所不同，高材生小王的工资自然要高一些。

高材生小王在大学里储备了丰富的知识，对于自己的工作任务能轻松自如地应对。非常自信的他，甚至有点瞧不起小赵那些笨头笨脑的做法。

颇有自知之明的小赵，知道自己的学历有点浅，知识面没有小王宽。为了缩小自己与小王的差距，小赵经常利用空闲时间努力学习。碰到不明白的地方，小赵有时不得不硬着头皮向自负的小王请教。虚心好学的小赵，在工作上也经常向同事们请教，还时常征求领导的看法，以便在工作中能及时发现问题，纠正错误。通过旁人的指点，小赵在工作和学习中少走了许多弯路。

有一次，晚上10点了，老板正要离开办公室，看到小赵还在电脑旁忙碌，便催小赵下班。小赵告诉老板，自己觉得业务能力很一般，想对业务更精通些，便每天晚上在网上查些学习资料，提高自己的业务水平。老板点了点头，给他推荐了两个不错的专业网站，就离开了公司。

因为小赵的不断努力，不知不觉中，小赵的工作能力便和小王旗鼓相当了。一年以后，这两个年轻人的工作能力又有了新的差距：小王和刚入公司相比并没有太大的提高，倒是小赵在原有的基础上又前进了一大步。公司交给的任务，小赵不仅完成得又快又好，还能在工作中提出很多完善管理、创造效益的好点子。他的业绩大大超过了小王，而且还被提升为部门主管，当然薪水也要高于小王。

一个想要获得成功的人，不但要志存高远、脚踏实地，更重要的是，他要懂得持续不断地学习。今天的职场，我们很难说自己就固定在哪个工作和岗位上，变换工作、变换岗位，是经常发生的事情。所以，我们要尽快地适应新工作、新岗位的需要。此时的学习能力就显得非常重要。

坚持学习才能跟上时代的发展。现在知识老化得很厉害，每十年甚至更短的时间内知识就要更新一遍。每个人都不能仅靠过去所学的知识来工作，而要不断地学习。人的核心竞争力源于创新能力，而创新能力则来自于不断地学习。因而，学习能力是一个优秀员工必备的素质，也是一个员工让自己成为企业发展动力的有效途径。一个现在有能力的人，无论他是硕士、博士，还是高级工程师，如果不注重学习，也会落后，变成一个“能力平平”的人。但是一个暂时能力不是很强的人，只要坚持学习，善于学习，就一定会成为一个能力出众的人。

对于女性来说，杨澜是中国主持界的奥普拉，因创建“阳光卫视”在商界占有一席之地……作为人到中年的成功女性，杨澜仍保持少女般的身材，容颜从未沾染岁月的痕迹。即便如此接近完美，她仍然不断向新目标启程。杨澜的美，正是在不断超越自己时散发出的自信光芒。

杨澜当年激流勇退后，人们似乎才真正开始记住她。舍得放弃的人自然收获更多。如今，身着套装、淡定微笑、出没于名流社会的杨澜成了职业女性的典范。

杨澜是当今我国最出色的女性之一，她美丽、聪慧、优雅、知性，在而立之年就已经实现了许多职业女性一生都无法实现的人生梦想：考上好大学，找到好工作，嫁给好丈夫，生下好儿女，开创好事业，而且她的精彩人生才只是刚刚拉开序幕而已……

决定杨澜命运的一个契机，是在央视主持《正大综艺》，这让她获得了全国性的知名度和注意力。虽然在事业上已经小有成就，但杨澜并没有满足，为了给自己充电，她又到国外去学习。在美国完成学业后，她在事业上再创高峰，任凤凰卫视主持人。2000 年 3 月，她收购良记集团，更名为阳光文化网络电视控股有限公司，并成功地借壳上市，雄心勃勃地要打造传媒帝国。那时，在资本市场上，传媒概念正如日中天，阳光卫视的出现适逢其时，杨澜成了时势造英雄的绝佳样本。

从 1994 年离开中央电视台赴美留学以后，她相继和东方卫视、凤凰卫视、湖南卫视合作，主持了《杨澜视线》《杨澜访谈录》《天下职业女性》等节目。从体制内到体制外，从主持人转变为独立电视制片人，从娱乐节目到高端访谈，再到探讨女性成长的大型脱口秀节目，每一次转型，她都会用自己的智慧令人耳目一新。

杨澜的每一次人生转折，似乎都是一次有着机缘的跳跃。她在人们的心目中永远是成功的，因为她用自己的亲身经历向我们展示了一个职业女性的成长与睿智。

杨澜的故事告诉我们，身处日新月异的科技时代，不进则退。因此，在变化不断的职场上，我们要把自我充电当做生活的一部分，选择各种方式的“充电”，来使自己职业发展的道路更宽。

对个人而言，可以根据自己的职业兴趣和目标来制订充电计划，或为培养自己的第二职业打基础，使自己跟得上软环境的变化；对于经济不是很宽裕的人来说，充电的形式可以采用公开课、讲座、书籍光盘等来进行有效的补充。这样每天坚持30分钟，日积月累，进步就很可观。

“人，若是能养成每天读10分钟书的习惯，20年后，必判若两人。”一位校长曾这样告诫他的学生。作为一个年轻人，不论你是在求学的时代，还是已经踏入社会，学习将始终伴随一生。通过学习，我们会拓宽思路、增长知识。因此，自我学习是百战百胜的利器，只有坚持学习的人才是聪明而有远见的人。所以积极主动地学习尤为重要。要做到积极主动地学习，需要做到以下两点：

第一，在工作中学习。想在当今竞争激烈的商业环境中胜出，就必须学习从工作中吸取经验、探寻启发智慧的秘诀以及收集有助于提升效率的资讯。通过在工作中不断学习，可以避免因无知滋生出自满，损害你的职业生涯。专业能力需要不断提升技能组合以及刺激学习的能力相配合。所以，不论是在职业生涯的哪个阶段，学习的脚步都不能稍有停歇，要把工作视为学习的殿堂。

第二，主动给自己充电。在公司不能满足自己的培训要求时，也不要闲下来，你可以自掏腰包接受“再教育”。当然首选应是与工作密切相关的科目，其他还可以考虑一些热门的项目或自己感兴趣的科目，这类培训更多意义上被当做一种“补品”，在以后的职场中也会增加你的“分量”。